AF311818

DOUZIÈME CONFÉRENCE

Sources Lumineuses

Par E. KRESS

PARIS

COMPTOIR D'ÉDITION DE " CINÉMA-REVUE "

118 et 118 bis, Rue d'Assas, 118 et 118 bis

0.60 le Volume

PETITE BIBLIOTHÈQUE DE LA PHOTO-REVUE

Série Orange

1° Les Négatifs sur papier au bromure.
2° Le Développement automatique à deux cuvettes.
3° Le Procédé à la gomme bichromatée.
4° Les Surprises du Gélatino.
5° Les Petites Misères du Photographe.
6° Le Développement lent.
7° La Vérité en Photographie par l'Objectif et par le Sténopé.
8° La Théorie du Développement.
9° Les Ennemis du Laboratoire.
10° Essais de Stéréoscopie Rationnelle.
11° Cartes postales, Lettres et Menus photographiques (Les).
12° Origines de la Photographie (Les).
13° Photo-Bijoux (Les).
14° Le Cliché négatif.
15° La Photographie au charbon simplifiée.
16° Notes pratiques sur l'orthochromatisme.
17° Notions élémentaires de Pratique stéréoscopique.
18° Photo-Gomme.
19° Photocopie positive par Développement.
20° Lointains et sous-bois en montagne.
21° Le Pelliculage des Clichés.
22° L'Éclairage du Laboratoire.
23° La Photographie dans les Pays chauds.
24° Les Positives pour Projections.
25° La Photocollographie pour tous.

Série Bleue

1° Exécution des Fonds d'atelier.
2° Construction des Accessoires de pose.
3° La Sténopé-Photographie.
4° Les Objectifs anachromatiques.
5° La Photographie à l'huile.
6° Le Procédé Ozobrome.
7° Procédé simplifié de Photo-Céramique.
8° Traitement des Résidus photographiques.
9° La Photo-peinture des Paysages.
10° Emploi des Plaques autochromes.
11° Les Agrandissements sur Papiers pigmentaires.
12° La Photo-sculpture pour tous.
13° Le Diamidophénol acide en Photographie.
14° L'Arbre dans le Paysage.
15° Les Produits photographiques.
16° Le Photo-Vitrail.
17° Exécution des petits Clichés.
18° Les Effets d'éclairage dans le Portrait.
19° Utilisation des petits Clichés.
20° Les Clichés pelliculaires.
21° La Photographie en Ballon.
22° La Photogravure simplifiée.
23° Groupes et Sujets de genre.
24° La Photographie sans Laboratoire.
25° Les Épreuves au bichromate par teinture.

Série Verte

1° La Photographie par Cerfs-Volants.
2° Le Développement-Fixage combinés.
3° Étude critique du Développement lent.
4° La Photographie artistique par l'Agrandissement.
5° Le Report des Épreuves à l'huile.
6° Le Relief stéréoscopique par les Anaglyphes.
7° Les Positifs directs et Contretypes.
8° Les Agrandissements rendus faciles.
9° Utilisation des Plaques et l'apiers voilés.
10° Les Animaux en Photographie.
11° Les Nuages dans le Paysage.
12° Pour faire une bonne Autochrome.
13° Le Report sans presse des Épreuves à l'huile.
14° Le Temps de pose exact dans la Photocopie positive.

CETTE COLLECTION SERA CONTINUEE

est le seul Journal Photographique

QUI PARAISSE TOUTES LES SEMAINES

Chez les Libraires, dans les Gares, les Kiosques
et dans beaucoup de Maisons de fournitures

CONFÉRENCES

CINÉMATOGRAPHIE

1

Atelier photographique éclairé à la lumière de vapeur de mercure.

E. KRESS

Sources Lumineuses

Gaz irradiants — Vapeur de Mercure

Incandescence

Distribution des courants. — Transformateurs

Publicité lumineuse

Gaz et Vapeurs combustibles

PARIS

COMPTOIR D'ÉDITION DE " CINÉMA-REVUE "

118 et 118 bis, Rue d'Assas, 118 et 118 bis

CONFÉRENCES

SUR LA

CINÉMATOGRAPHIE

DOUZIÈME CONFÉRENCE

Phénomènes lumineux électriques dans le vide

L'étude de la décharge électrique dans les gaz raréfiés a préoccupé les physiciens depuis le jour où Geissler fit connaître ses tubes originaux. On trouvera dans les traités spéciaux, même dans les livres destinés à la vulgarisation de la science, tous les détails qui viendraient augmenter la matière de notre exposé en nous obligeant à écourter ce qui doit, au contraire, en constituer le principal objet. Nous ferons la même remarque touchant les travaux de Lenard et de Crookes qui devaient ouvrir la voie à cette théorie des *électrons* qui domine aujourd'hui non seulement toute la science de l'Électricité mais encore celle qui traite de la constitution de la matière.

Lorsque, dans un tube renfermant un gaz raréfié, on provoque une décharge électrique, on constate que cette décharge est *visiblement* modifiée, non seulement suivant la nature du gaz au travers duquel on opère, mais aussi suivant la forme et les dimensions du tube qui le contient et la pression à laquelle il est soumis, à tel point que de l'aspect de la décharge, on peut déduire l'indice de pression, le degré de viduité produit par la *pompe à faire le vide* dans le milieu gazeux.

Cette pompe, dont les laboratoires peuvent utiliser différents modèles qu'il serait trop long de décrire, tire son principe de celle qu'imagina Otto de Guéricke, et dans laquelle le gaz contenu dans un récipient étanche était peu à peu enlevé par l'action d'un piston mu dans un cylindre et dont les valves étaient recouvertes d'une couche d'huile. Mais on constata bientôt que, lorsque la pression atmosphérique descendait au-dessous du dixième de millimètre de mercure, cette huile émettait des vapeurs dont la tension s'opposait à l'obtention d'un vide plus parfait. Un premier perfectionnement fut la *trompe à mercure*, une gouttelette de ce métal faisant office de piston.

Kaufmann et Wien eurent l'idée de rendre le fonctionnement de la trompe continu en faisant tourner un tube spirale dans lequel le mercure chassait devant lui le gaz à expulser. C'est en partant de ce dispositif que

M. Gaede imagina sa *pompe moléculaire* qui comprend, dans ses parties essentielles, un cylindre mobile sur son axe et tournant à l'intérieur d'une enveloppe percée de deux orifices de dégagement. L'intervalle entre le cylindre et son enveloppe est très faible et le cylindre, animé d'un mouvement très rapide, est, en outre, muni d'une protubérance presque en contact avec la paroi interne de l'enveloppe ; le gaz étant entraîné par le mouvement de rotation, sa vitesse devient moindre que celle du cylindre ; il se comprime, en s'accumulant contre une des faces de la protubérance et il se raréfie sur l'autre face. M. Gaede a adjoint à ce dispositif une pompe de mise en marche, qui vient abaisser la pression du gaz accumulé avec qui elle communique par l'une des ouvertures ménagées, l'autre étant en relation avec le vase où l'on veut faire le vide. L'axe de rotation atteint une vitesse allant jusqu'à 12.000 tours et le vide descend à une pression de 0,0000001 millimètre de Hg, une lubrification permanente d'huile rendant l'axe étanche. La différence de pression du gaz soumis à l'expérience dans l'appareil est constante entre les deux faces de la protubérance et la *viscosité* du gaz est indépendante de cette pression, elle diminue lorsque le vide devient plus parfait.

Revenons à la décharge électrique.

A la pression atmosphérique et lorsque le gaz est l'air, *l'étincelle* ne peut jaillir entre deux conducteurs que lorsque le voltage est très élevé. Lorsque nous diminuons la pression en faisant le vide, la résistance diminue et, avec elle, le voltage nécessaire. Quand on veut étudier le phénomène, on peut se servir soit d'une batterie d'accus à *plusieurs milliers d'éléments*, soit d'une bobine de Ruhmkorff à laquelle on adjoint une *soupape* pour qu'elle ne donne que du courant de même sens. Cette soupape peut être constituée par une ampoule dite *de Villard* dans laquelle on a placé dissymétriquement deux électrodes telles que la plus développée soit également la plus éloignée de la paroi de l'ampoule. Lorsque l'électrode la plus développée est *cathode*, elle ne laisse passer le courant que dans un sens, pourvu que le débit ne dépasse pas quelques centièmes d'ampère.

Pour mesurer la résistance du tube au passage de la décharge, on se sert d'un *exploseur à air libre* qu'on monte parallèlement au tube, la longueur de l'étincelle produite servant de témoin.

A mesure que *la pression* dans le tube diminue, et avec elle la *résistance*, les étincelles deviennent *rameuses*, se groupent en gerbes dont les lignes sont fines et faiblement lumineuses, allant d'une électrode à l'autre. A partir de 1 centimètre de pression, la lumière devient plus stable : elle prend l'aspect d'une colonne violet-rose qui n'atteint pas la cathode. On lui donne le nom de *lumière positive*. A la cathode, la lumière est moins dense ; sa couleur varie avec la nature du gaz : bleue, violette avec l'hydrogène, blanche avec l'acide carbonique. Entre les deux lumières, un espace obscur, celui de *Faraday*.

A mesure que le vide devient plus parfait, la lumière négative augmente, la lumière positive se tasse ; bien mieux la lumière négative va quitter la cathode et créer ainsi l'espace obscur de *Hitorff*, puis, à quelques millièmes de millimètre de pression, le tube se fait obscur ; mais, en face de la cathode, le verre devient fluorescent : Nous avons produit les fameux rayons cathodiques qui partent perpendiculairement à la surface de la cathode et que l'on peut concentrer en un *foyer* lorsque la cathode est constituée par un miroir concave. Ces rayons sont d'*ordre matériel*, formés de particules lancées avec une vitesse énorme.

En venant frapper la paroi de verre, les rayons cathodiques donnent naissance aux rayons X ou rayons de *Röntgen*.

Les lumières dites froides

Je ne voudrais pas m'étendre, outre mesure, sur *la lumière Moore*, sur les travaux *de Claude*, sur ces lumières au néon, à l'argon qui forment l'intéressante catégorie des *lumières froides*. La liquéfaction a permis d'étudier à fond les gaz de l'atmosphère. Elle est devenue pratique lorsque M. Claude eut trouvé sa machine compound, lorsqu'il eut reconnu que les éthers de pétrole, les essences utilisées pour moteurs à explosion, devenaient non seulement des lubrifiants à basse température mais des lubrifiants stables. Le principe en est connu sous le nom de *détente avec travail extérieur*.

Dans la *Lumière Moore*, le tube peut atteindre, en longueur, jusqu'à 50 mètres. Son diamètre est de quatre centimètres et demi. Les électrodes, cylindriques et faites de graphite, ont de 20 à 25 centimètres de longueur. On les relie à un transformateur.

La luminescence générale du tube est de couleur rose. Quand le tube vieillit, *devient dur*, l'intensité du courant qui le traverse augmente. Il a donc fallu imaginer une soupape d'amenée du gaz pour en maintenir la pression. Voyons en quoi consiste cette soupape. Le gaz est débité par un tube qui présente à son extrémité inférieure un bain de mercure dans lequel on a immergé un charbon poreux conique dont la pointe vient s'engager dans une sorte d'éprouvette, le tube flottant sur le mercure. L'autre extrémité de ce tube est ouverte et loge une sorte d'induit, formé de fils de fer, et destiné à être influencé par un solénoïde qui entoure l'extrémité supérieure du tube d'amenée. Lorsque le tube de Moore devient trop conductible, le courant augmente dans le solénoïde en relation avec le *courant primaire*. Le noyau de fer est attiré et entraîne le tube-éprouvette, le niveau du mercure baisse dans la cuvette inférieure, la pointe du cône de charbon est découverte, et le gaz passe dans les deux branches d'un tube en U soudées très près des électrodes de graphite du tube Moore recourbé sur lui-même.

Quand on veut avoir une lumière très blanche, laissant aux objets colorés leur aspect réel, on utilise comme gaz *l'acide carbonique*. Mais lorsqu'on n'a en vue que l'intensité de lumière, on se sert de *l'azote* qui donne une coloration orangée aux tubes éclairants. L'intensité obtenue est alors d'environ 50 bougies par mètre de tube, soit 1,70 à 1,50 watts par bougie.

Le *néon* fournit une lumière très brillante. Si, dans une atmosphère de ce gaz, on secoue un peu de mercure, il se produit une très vive lueur. Toutefois le néon ne peut servir à améliorer la lumière des lampes à vapeur de mercure, les deux sortes de radiations ne pouvant se mélanger. La présence de l'azote est également nuisible et, pour obtenir du néon pur, il a fallu utiliser ce principe découvert par le physicien *Dewar* et qui montre que le charbon de bois absorbe d'autant mieux les gaz qu'ils sont à plus basse température et plus facilement liquéfiables. La lumière fournie par le néon est jaune or, elle donne une teinte livide aux spectateurs. Les avantages des tubes au néon, d'ailleurs, établis sur le modèle des tubes de

Moore, sont de ne dépenser que 0,6 watts par bougie et de pouvoir fonctionner 50 à 60 heures sans que la soupape, qui s'ouvrait deux fois par minute dans les tubes Moore, *respire*.

Lampes à vapeur de mercure

Nous avons eu l'occasion de dire que, au cours de ses recherches, le physicien Peter-Hewitt avait conclu à la possibilité de réduire dans une forte proportion la dépense d'énergie électrique, source de lumière, en faisant passer le courant à l'intérieur de tubes contenant soit des gaz, soit des vapeurs métalliques. Il présenta sa première lampe à vapeur de mercure en avril 1901 à l'American-Institute. Cette lampe était constituée par un tube de 1 mètre 38 de long sur 25 millimètres de diamètre. Sous 3 ampères et 75 volts on obtenait 700 bougies. Hewitt montra postérieurement qu'il pouvait arriver à 0 watt 5 par *bougie sphérique*.

La lampe primitive ne pouvait fonctionner que sur courant continu. Elle consistait en un tube privé d'air; l'électrode positive était de platine étiré, ou encore de fer, de graphite, de nickel, de mercure. L'électrode négative était toujours constituée par du mercure. Lorsque la lampe entre en fonctionnement, est amorcée, le mercure se volatilise dans une sorte de renflement et, à la base de l'arc lumineux, on constate la formation d'un feu follet partant de la cathode.

Il fallait chercher à utiliser l'arc au mercure sur courant alternatif. En 1882, Jamin avait remarqué que si on faisait les électrodes, de charbon d'une part et de métal d'autre part, le courant passait facilement par le trajet métal-charbon, difficilement par le trajet charbon-métal, du moins en ce qui concerne les arcs très petits.

En règle générale, la résistance offerte par la colonne lumineuse est d'autant plus faible que l'intensité du courant croît davantage et que la pression de la vapeur mercurielle diminue. La résistance est minima lorsque la direction de la flamme se confond avec la droite qui joindrait les extrémités des électrodes ; elle est maxima quand cette direction est perpendiculaire à cette même ligne imaginaire. Cette constatation est très importante puisqu'elle a permis tout un système d'auto-réglage par champ magnétique engendré par un électro-aimant. A l'approche d'un électro-aimant, la *flamme négative* se dirige suivant les lignes de forces de cet électro et la *flamme positive*, celle qui va de l'anode à la cathode, contourne la première à la façon d'une hélice. En orientant le champ magnétique, on peut faire que la flamme vienne rencontrer la paroi du tube ; au point de contact on constaterait alors la production d'une énorme quantité de chaleur ; si l'électro-aimant est placé au-dessus de la lampe, le champ magnétique suivant la ligne des pôles, non seulement

I a colonne lumineuse prend cette direction, mais elle offre une résistance minima. La flamme est repoussée lorsque le champ magnétique est perpendiculaire à la ligne des pôles.

On appelle *chute cathodique*, la différence de potentiel entre la cathode et le point de la colonne lumineuse où cette différence devient constante. On définira de même la *chute anodique*.

Jusqu'à cinquante ampères, la chute cathodique est indépendante de l'intensité du courant. Mais la chute anodique croît à mesure que la température s'élève.

La température mesurée à l'anode va de 700 à 1100 degrés, mais elle est plus élevée à la cathode. Suivant la nature de l'anode, la chute varie ; elle est minima avec le charbon.

Villis a établi une formule qui permet de déterminer mathématiquement la variation V du voltage à l'intérieur d'un tube à mercure par rapport à la pression de vapeur, à l'intensité du courant et au diamètre du tube

$$V = a \left(b + \frac{1}{\sqrt{c}} \right) \left(c + \frac{1}{\sqrt{D}} \right) \left(T + \frac{2}{D} + \frac{1}{\sqrt{D}} \right) + d.$$

dans laquelle T désigne la tension de vapeur de Mercure et $a = 0,545$ ou $0,150$, $b = 0,775$ ou $0,398$, $c = 1.71$ ou $0,122$, $d = 0,10$ ou $0,370$, suivant la grandeur de T.

Il est aisé de concevoir que la *consommation spécifique* est fonction de ces trois données : Intensité, pression et diamètre du tube et que, par conséquent, les watts nécessaires vont croître avec l'intensité. Le verre ne permet pas, sans être mis hors de service, d'utiliser une chute de tension dépassant un volt par centimètre de longueur d'arc ; le quartz permet au contraire de dépasser 30 volts par centimètre. C'est donc en utilisant les lampes en quartz qu'on a le moins d'absorption des rayons ultra-violets. A cette propriété du quartz, nous pourrions rattacher cette autre à laquelle on a donné le nom de phénomène de *piezo-électricité*. On sait, en effet, que si on soumet à la traction une lame mince de quartz taillée, celle-ci dégage de l'électricité sur ses deux faces. Cette propriété a été mise à profit pour les mesures de la radioactivité des corps. Puisque nous en sommes aux rapprochements utiles, signalons encore l'emploi de l'*hélium* dans les tubes de Moore donnant une *lampe-étalon* consommant de 3,76 à 6 watts par bougie.

Effet Hertz

Les radiations ultra-violettes ont, en outre, des propriétés photo-électriques découvertes en 1887 par *Hertz* et qui portent le nom d'*effet Hertz*. Si on fait tomber un faisceau de lumière ultra-violette sur une plaque métallique bien polie et chargée d'électricité négative, cette électricité se dissipe. En faisant varier la nature de la plaque de métal, on constate que la sensibilité des métaux à l'effet Hertz permet de les classer suivant la série indiquée par Volta et que les plus électro-positifs sont également les plus sensibles à l'effet Hertz.

Le savant physicien était parvenu à ces conclusions en étudiant les phénomènes de résonance, dans une série d'expériences qui ont du reste immortalisé son nom et qu'il fit pour connaître à quelle cause était due la décharge d'un interrupteur à boule jouant le rôle d'induit, dans le voisinage d'une étincelle électrique.

Les lampes à vapeur de mercure ne sont pas seules à donner des radiations ultra-violettes en quantité suffisante pour permettre l'étude des différents phénomènes que nous avons signalés. La lampe à arc, surtout celle dont les électrodes sont à âme d'aluminium ou de zinc, donne d'excellents résultats. Revenons à l'effet Hertz.

On utilise un électroscope à feuille d'or comme instrument d'investigation et on remplace la boule de cet électroscope par une plaque polie du métal à expérimenter. On dispose d'autre part d'une source lumineuse qui, complétée d'un *prisme* de quartz, va permettre d'étudier les différentes radiations émises par cette source. Au prisme est adjointe une lentille également en quartz et tout le système permet d'éviter l'absorption des radiations très courtes.

La lumière étant décomposée en ses radiations élémentaires par le prisme, le jeu d'un écran interposé va permettre de n'étudier qu'une seule de ces radiations ou, plus exactement, qu'un faisceau de radiations de même nature dont l'image, par l'intermédiaire de la lentille, sera projetée sur la plaque du métal à étudier. On charge l'électroscope négativement. Lorsqu'on fait agir les radiations ultra-violettes, les feuilles d'or retombent. Elles restent écartées lorsqu'il s'agit de rayons bleus, verts, rouges. Pour contrôler l'expérience, on charge l'électroscope positivement et les feuilles d'or restent écartées pour n'importe quel rayon.

En ce qui concerne l'action chimique des radiations ultra-violettes, non seulement il se forme de l'eau oxygénée quand elles agissent sur l'eau ordinaire et de l'ozone quand elles traversent l'oxygène, mais le gaz ammoniac est décomposé en ses éléments azote et hydrogène qui est lui-même oxydé pour donner de l'eau. En présence de l'oxygène, l'acétylène donne de l'acide carbonique, de l'oxyde de carbone et de l'acide formique. C'est toute une chimie moderne que la lampe à vapeur de mercure va susciter.

Consommation

A 90 watts, la consommation spécifique de la lampe atteint son maximum pour diminuer ensuite, l'accroissement de rendement devenant fonction de celui de température qui s'élève, proportionnellement à la différence de potentiel aux bornes. La différence de

Tableau donnant la consommation spécifique :

VOLTS	AMPÈRES	PRESSION DE VAPEUR EN MILLIM. DE MERCURE
36	2.78	0.2
60	4.10	3.8
96	4.50	19.1
114	4.50	29.5
140	4.80	47.7
174	4.80	76.5
196	4.80	96.5
220	4.45	121.
249	4.40	150.

Tableau concernant les lampes en quartz :

VOLTS	AMPÈRES	WATTS	BOUGIES	WATTS-BOUGIES
27	1.90	51.3	66	0.778
30	2.20	66.4	76.7	0.886
34	2.60	88.3	94.6	0.934
44	2.87	126	137	0.922
56	3.20	179	224	0.799
69	3.36	232	357	0.653
96.5	3.52	340	860	0.395
121	3.67	444	1.560	0.284
139	3.70	513	2.055	0.251
157	3.80	580	2.600	0.223
175	3.90	665	3.180	0.209
235	3.85	917	5.040	0.182
304	3.65	1.170	7.130	0.165

potentiel est, à proximité des électrodes, très élevée; elle est constante le long de la colonne lumineuse. La température atteint 2000° à l'origine de l'arc à la cathode; mais le reste de la surface cathodique n'atteint pas 200°.

L'*amorçage* des lampes à vapeur de mercure a suscité différents procédés. La cathode absorbant une quantité d'énergie relativement considérable, le courant éprouve une double résistance, celle de la cathode et celle de la colonne lumineuse. Les gaz ne deviennent conducteurs que lorsqu'ils ont été suffisamment raréfiés. D'autre part, pour diminuer la résistance cathodique, la *répugnance de la cathode*, on lui a donné une forme aplanie et on a mélangé une petite proportion de fer, d'argent, de cuivre, d'aluminium ou de magnésium au mercure pour le rendre plus adhérent à la paroi du tube. En outre, se servant de fer pour anode, on y fixe le mercure, utilisant ainsi une propriété bien connue de ce dernier métal.

Le *basculage* était, dans la lampe Cooper-Hewitt, le procédé d'amorçage dépendant alors de la production d'un court-circuit. La lampe étant allumée, la chambre de condensation est au point le plus élevé. En tirant sur la chaîne, le *pont mercuriel* s'établit et on lance le courant à mesure qu'on lâche la chaînette et que la lampe reprend sa position, le choc produit par le poids du mercure étant amorti par du coton de verre ou par une coupelle *ad hoc*. Un autre système de basculage consiste dans l'emploi d'un interrupteur dépendant d'un électro en dérivation sur le circuit principal ; le dispositif consiste en une double plaque fer-cuivre, tel que la plaque de fer puisse être attirée par l'électro, la plaque de cuivre étant placée au point où le circuit d'alimentation coupe le circuit principal. Quand l'interrupteur est fermé, le courant passe et dans l'électro et dans la lampe. L'électro agit sur un noyau de fer doux qui, par l'action d'une bielle, vient soulever la lampe et établir le pont. Le courant principal se

Fig. 1.

ferme sur la lampe, passe dans un deuxième électro qui agit sur la plaque de fer doux pour rompre le contact et ramener la lampe à sa première position. L'avantage de ce système est de fonctionner automatiquement jusqu'à ce que le court-circuit nécessaire se produise (fig. 1).

On préconise encore le système *Weintraub* d'amorçage par arc auxiliaire. Dans le système *Bodde* on chauffe le mercure. On peut encore avoir recours à la dilatation de ce métal, sur courant à haute tension, la lampe étant branchée sur le secondaire d'un transformateur et le circuit d'alimentation sur le primaire, comme pour le tube Moore. On peut aussi placer dans le circuit de *deux bobines de self* un *shifter* avec lequel on obtient un extra-courant momentané de 3.000 volts sur un courant de 120. Le shifter est une sorte d'ampoule de verre de petite dimension pouvant osciller et contenant du mercure dans lequel vient aboutir le courant. Cette cuvette a un couvercle cloisonné qui va servir à isoler les fils et à produire l'extra-courant quand on basculera le petit appareil. Quand cet interrupteur est fermé, le mercure ne forme qu'une seule masse, le courant passe. Mais alors l'armature d'une des bobines de self vient faire tourner le shifter, le mercure est divisé en deux par la cloison du couvercle, l'arc jaillit entre ces deux surfaces, et, ne pouvant vaincre la résistance de la bobine, s'éteint immédiatement. Il va se produire du courant dans les bobines de self, il ne s'en produira pas dans la bobine d'allumage.

Signalons enfin le procédé *Saubermann* qui a proposé d'enduire la paroi interne du tube avec un sel irradiant (urane, etc.), procédé qui est à rapprocher de ceux qui utilisent pour l'amorçage le soufre, le silicium, le phosphore et leurs dérivés.

Hewitt eut des devanciers parmi lesquels Wag (1860), Rizet (1880), Arous, Perrot et Fabry (1890). Les travaux de tous ces savants praticiens ont permis de fixer les propriétés générales des lampes à vapeur de mercure. Nous allons les résumer.

Nous avons dit que la couleur de la lumière fournie était verdâtre et qu'il y manquait les radiations rouges. Examinée au spectroscope, la lumière Hewitt présente dans le spectre visible quatre raies, deux jaunes, une verte et une violette très intense. Quant aux couleurs exposées à la lumière à vapeur de mercure, si le blanc et le noir ne sont pas sensiblement affectés, si le vert et le bleu sont même rehaussés, le rouge apparaît brun. Le jaune et le violet sont peu affectés.

On ne peut guère ajouter des radiations à la lumière Hewitt qu'en entourant la lampe d'un verre de couleur convenablement choisie ou en projetant les rayons de la lampe à vapeur de mercure sur un réflecteur de verre traversé par des radiations jaunes et rouges. *Hopfelt* a donné à sa lampe la forme d'un tube en U et l'a associée à l'incandescence de façon à consommer 1,65 watt par bougie. On a proposé également d'utiliser des filaments métalliques imprégnés d'oxydes de calcium, de zirconium ou d'alliages de tungstène, de tantale et de platine.

Les modifications de forme et de matière apportées à la cathode caractérisent d'ailleurs les différents modèles de lampes à vapeur de mercure. Signalons l'amalgame à 40 °/₀ de sodium et de potassium, l'anode étant constituée par du graphite ; l'amalgame de cadmium qui donne une lumière intense ; l'amalgame de zinc-bismuth qui permet d'obtenir une lumière qui se rapproche de la lumière solaire.

La lumière des lampes à vapeur de mercure peut être considérée comme monochromatisable puisqu'on en peut isoler le vert en interposant une cuve à *bichromate de potasse* qui permet d'arrêter les radiations *violettes et ultra-violettes*, et *indigo* et une cuve contenant une solution saturée de *chlorure de didyne* qui absorbe les rayons *jaunes*. On absorberait le *violet* et l'*ultra-violet* et par conséquent on isolerait l'*indigo* au moyen d'une solution de *sulfate de quinine* ; le *jaune* et le *vert* seraient absorbés par une solution de *cuivre ammoniacale*.

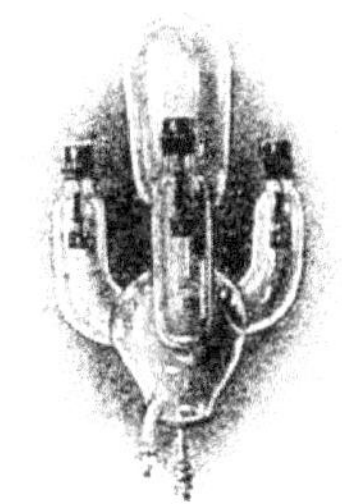

Fig. 2.
Ampoule pour triphasé.

Au point de vue chimique, les rayons émis par la lampe à vapeur de mercure convertissent l'oxygène en ozone. Un écran formé d'une feuille de mica suspend cette action. Les radiations des lampes à vapeur de mercure ont une action marquée sur les couleurs qu'elles détruisent, sur les microbes et les ferments qu'elles tuent. Nous avons eu l'occasion de parler de l'*uviolampe* et du verre *uviol* (*u*(ltra)-*viol* (et)) et de l'utilisation de la lampe à vapeur de mercure comme redresseur des courants alternatifs, dont le principe fut trouvé par Jamin et par Manœuvrier. Ces praticiens proposèrent de placer dans le circuit extérieur d'une dynamo un arc voltaïque dissymétrique *charbon-mercure*. Mais le système Cooper-Hewitt résolut plus complètement le problème.

Le *convertisseur Cooper-Hewitt* est un *appareil statique*, c'est-à-dire ne tournant pas. Il comprend une ampoule de verre montée sur le tableau d'appareillage et destinée à contenir la vapeur de mercure. Cette ampoule a une durée d'environ 600 heures. L'usage du convertisseur est particulier au courant alternatif qu'il permet d'utiliser :

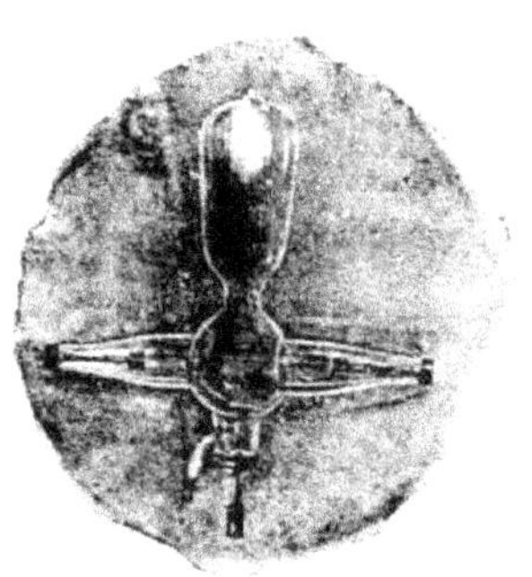

Fig. 3.

Ampoule pour monophase.

1° Pour la charge des accus ;

2° Pour les arcs de projections ;

3° Pour les appareils médicaux ;

4° Pour les moteurs et électros ;

5° Pour l'électrolyse ;

6° Pour alimenter les arcs en continu en série sur alternatif.

L'appareil complet comporte, outre l'ampoule dans laquelle le vide a été poussé très loin et qui est munie latéralement de *deux anodes* en graphite, inférieurement de deux électrodes-mercure dont l'une constitue la *cathode* de l'appareil et l'autre *l'électrode* qui servira à *l'allumage* de l'ampoule :

1° Un *transformateur-diviseur de tension* dont le primaire est connecté au réseau principal ; sur le secondaire on a choisi comme *pôle négatif de distribution* un point qui divise le secondaire en deux parties égales qu'on connecte aux anodes de l'ampoule, de telle sorte que, suivant le sens de *l'alternance,* le courant est toujours fourni à l'une ou à l'autre des anodes. Le transformateur diviseur dévolte ou survolte la tension de l'alternatif pour aboutir à une sorte de tension moyenne, constante et continue. Le courant qui est entré tantôt par l'une, tantôt par l'autre anode, sort par la *cathode-pôle positif.*

2° Une bobine de soutien destinée à donner au courant redressé une forme presque continue.

Pour procéder à l'amorçage, on raccorde, avec résistance intermédiaire, l'électrode auxiliaire ou électrode d'allumage à l'une des deux anodes. On ferme le circuit continu, on redresse et on bascule avec précaution l'ampoule de façon que le mercure vienne former *pont de contact* entre l'électrode d'allumage et la cathode de l'ampoule. On redresse l'ampoule : un arc jaillit, l'appareil est en état. Lorsque le courant débité par l'ampoule ne doit pas servir d'une manière continue il faut adjoindre un *shunt spécialement calculé*. Au-dessus de 100 volts le rendement est de 80 0 0. Au-dessus de 30 ampères, on monte deux ou plusieurs ampoules en parallèle. En ce qui concerne la projection cinématographique, le convertisseur a été établi de telle sorte qu'il se mette automatiquement en marche dès que les charbons de l'arc sont en contact. Il n'y a ainsi aucune perte dans les résistances additionnelles.

Nous avons dit que Hewitt n'avait, au début de ses expériences, pu utiliser sa lampe que *sur courant continu*. On peut maintenant utiliser le courant alternatif. Il faut bien observer de ne jamais faire fonctionner les lampes sur des fréquences ou voltages autres que ceux pour lesquels on les a établies, le plus souvent 50 périodes en dérivation sur 120-220 volts.

Pour 500 volts en continu, Cooper-Hewitt a établi une lampe à vapeur de mercure dont l'arc jaillit à l'intérieur d'un tube de quartz transparent, obtenu par fusion du cristal de roche dans des creusets d'iridium. L'allumage est obtenu sans basculage au moyen d'une chaufferie, petite résistance que traverse la totalité du courant au moment de l'allumage, ce qui fait entrer le mercure en ébullition. Cette lampe consomme le quart de watt par bougie.

Usages photographiques

Dès qu'on eut remarqué la richesse des lampes Cooper-Hewitt en radiations violettes et ultra-violettes, on les utilisa pour la photographie; quatre à cinq minutes suffisent pour donner une image sur citrate d'argent : huit minutes sur ferro ou gomme bichromatée.

Pour le tirage des « bleus » on a établi une machine rotative produisant jusqu'à 10.000 mètres par jour.

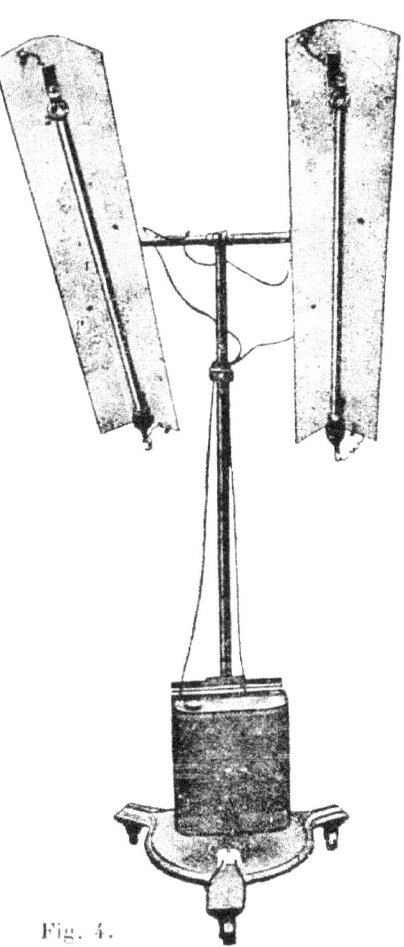

Fig. 4.

La source lumineuse est à l'intérieur d'un cylindre de verre tournant sur son axe et sur lequel passe le calque et le papier ferro dont le contact est assuré par des courroies placées côte à côte. Pour le papier citrate, on a construit une sorte de pupitre support avec lequel on peut tirer jusqu'à 120 épreuves 13 $\times$ 18 en une heure pour une dépense de 0 fr. 20 l'heure. Pour l'agrandissement, on monte sur châssis 4 tubes 500 bougies. Ce système de lumière, tamisée par un verre douci, permet de se passer de condensateur. La dépense est de 0 fr. 35 pour 700 watts-heure. Pour la photogravure, on utilise deux tubes 500 bougies à l'intérieur d'un réflecteur émaillé blanc. La lumière de cette lampe est recommandable surtout lorsqu'il s'agit de modèles médiocres, de retouches au blanc de Chine. La dépense est de 0 fr. 20 l'heure.

Mais ce qui nous intéresse plus particulièrement, c'est l'usage, qui se répand de plus en plus, de lampes à vapeur de mercure sur les théâtres cinématographiques de prise de vues.

On a dit que leur lumière avait sur les organes de la vision une action désastreuse, des constructeurs d'appareils répondent qu'il n'en peut rien être, puisque la lumière Cooper Hewitt est dépourvue de radiations rouges. Ce qui est certain, c'est qu'avec elle, il est difficile d'obtenir de la gradation dans les ombres. Mais elle a des qualités de diffusion remarquables.

On a construit, pour l'atelier, des lampes de 1.000 bougies, utilisant le courant continu. On disposait donc, pour l'installation des théâtres de prise de vues de données suffisantes pour obtenir d'excellents résultats, en rapport avec les nécessités journalières d'une production intensive.

La Lumière Cooper Hewitt permet une vitesse d'opération dépassant le 1/50 de seconde ; elle ne donne pas d'ombres portées, elle tient les acteurs dans une sorte de bain lumineux. La *lampe à arc* a d'incontestables qualités. Elle permet l'adjonction d'écrans diffuseurs. Les tubes à vapeurs de mercure peuvent être réunis en batteries de 4 à 10 élémens et constituer ainsi des *herses* très maniables fournissant 10.000 bougies.

Lorsque nous avons traité de la plantation des décors nous avons insisté sur une méthode qui consisterait à faire courir des tubes lumineux à proximité des décors. Cette condition peut être satisfaite grâce aux tubes à vapeur de mercure. Ils peuvent être groupés en éclairage de ciel, montés sur un pont roulant et servir à l'*éclairage dioramique* des décors.

Projecteurs

Nous voici tout naturellement conduit à dire quelques mots des projecteurs de scène.

Il pourrait tout d'abord sembler que, pour cet objet, on aurait dû s'inspirer de la façon dont sont éclairés les *phares* disposés le long du littoral. En réalité il a fallu tenir compte, dans la construction de ces précieux dispositifs, de ce fait qu'en temps de brouillard, la lumière électrique ne vaut pas la lumière de la lampe à huile ou à pétrole, ses rayons accrochant moins les fines gouttelettes d'eau en suspension dans l'atmosphère. D'ailleurs, il est aujourd'hui prouvé qu'un simple manchon Auer de 55 millimètres de diamètre s'irradiant dans la vapeur de pétrole, suffit à l'éclairage d'un phare de premier ordre.

Les *boîtes à lumière* sont connues. Leur construction est simple, puisque leur dispositif se résume en une source lumineuse dont les rayons sont repris par une grosse lentille hémisphérique et en un disque teinteur qui tourne devant l'appareil et qui est destiné à colorer les rayons lumineux, pour obtenir certains effets de théâtre : danse du feu, danse serpentine, etc. Ces boîtes à lumière sont modifiées pour la projection de clichés qui servent à des transformations instantanées d'aspect ou de costume de personnages mannequins immobiles sur la scène. Les grands projecteurs portent le nom de *boîtes scéniques*. Ils sont de forme cylindrique et *à réflecteur parabolique*. Dans *les fontaines lumineuses*, les arcs couplés en tension réfléchissent sur un miroir parabolique des rayons qui sont repris par un miroir plan puis, à travers des filtres colorés, dirigés sur le tronc d'une colonne d'eau jaillissante.

M. Cannevel a imaginé un projecteur à échelons formés d'éléments paraboliques et annulaires combinés à un miroir sphérique et grâce auquel, non seulement les rayons arrière du foyer lumineux sont réfléchis par le miroir tronconique, mais aussi les rayons avant. C'est là un dispositif excessivement lumineux.

Incandescence

Lorsque nous nous sommes préoccupés de l'installation d'un Cinéma, nous avons donné, touchant les lampes à incandescence, des renseignements pratiques généraux qu'il ne sera pas, croyons-nous, inutile de compléter.

Les lampes à *filament de carbone* furent les premières en date. Le physicien *Starr*, en 1845, eut l'idée de faire le vide dans une ampoule de verre et d'y placer une tige mince de charbon de cornue qui rougissait au passage d'un courant électrique. En 1854, un forain industrieux, *Gœbel*, illumine sa loge avec des lampes à filament de bambou carbonisé. En 1878 *Savoyer* utilise le papier carbonisé au gaz d'éclairage et *Batchelor* du papier enduit de goudron. En 1879, deux lampes caractéristiques : celle de *Swann* à fil de coton durci par l'action de l'acide sulfurique puis carbonisé dans la poudre de charbon ; celle d'*Edison* à fil de bambou carbonisé dans une atmosphère de gazoline.

.De nos jours, le filament de carbone comprend, en

réalité, une âme de cellulose calcinée entourée d'une gaine de graphite. Le fil de cellulose est préparé de la façon suivante : On dissout de la cellulose pure, soit 5 gr., dans une solution de 100 gr. de chlorure de zinc neutre dans 50 d'eau. On évapore pour obtenir une matière qu'on passe à la filière et qu'on solidifie dans l'alcool méthylique. C'est ce fil carbonisé qui sert d'âme au graphite dont on l'entoure par nourriture de carbures dissociés (benzine). *Howel* recuit son filament au four électrique. La *Thomson-Houston* fait son âme d'une pâte graphitoïde légèrement boriquée.

Les filaments de carbone sont soudés à un support de platine par l'intermédiaire de petits fils de nickel qu'on dissocie ensuite par le courant électrique. Le platine coûtant très cher on lui a substitué le cuivre, en fil très mince enduit d'un émail très fusible, ou le nickel-acier.

Le vide est fait dans l'intérieur des ampoules au moyen de la trompe à mercure et poussé jusqu'à la limite de la tension de vapeur du métal Hg.

On a songé à faire le vide parfait par absorption de gaz, préalablement raréfiés par un pompage approprié. Les corps utilisés sont : le phosphore et ses composés, la pyridine, l'acridine, la chrinoline. Pour ce traitement, qu'on pourrait qualifier de chimique, les ampoules ont été munies d'un tube-appendice de 6 à 7 centimètres de long. L'ampoule est alors séchée soigneusement. On y fait le vide jusqu'à la pression de un millimètre de mercure, on introduit de l'éther et on continue à pomper. L'éther, en se distendant, chasse l'air. On chauffe alors au chalumeau la portion du tube qui contient le liquide actif et, en même temps, on fait passer le courant dans le filament que contenait déjà l'ampoule. Plus le vide est parfait, plus le filament reste incandescent. Si on *survolte* la lampe, on constate qu'un feu follet parcourt le filament depuis sa base et, d'autant plus haut que le vide est plus poussé. A ce moment l'attention de l'opérateur doit être éveillée, car le support du filament peut fondre. On ferme l'ampoule au-dessus du point où se trouve le corps chimique et on survolte pour que l'effluve, dont nous avons parlé, envahisse toute l'enceinte de l'ampoule. Un dernier chauffage détruit le corps chimique. Les ouvriers habiles arrivent à terminer toutes ces opérations, en deux minutes. La lampe est alors munie du *culot* qui doit assurer le contact électrique.

Il est facile de juger de l'état de viduité d'une ampoule au moyen d'une bobine d'induction. Si le vide est parfait le verre devient fluorescent, sinon la lueur indicatrice apparaît dans l'ampoule. En outre, lorsque passe le courant, le filament ne doit pas présenter de points, de nœuds brillants et il doit pouvoir supporter un survoltage de deux fois et demie pendant deux minutes. Lorsque l'intensité de lumière fournie par une lampe descend au-dessous de 80 0/0, celle-ci doit être remplacée. Pour prolonger la vie des lampes, on a proposé de remplir les ampoules de carbures gazeux.

Il y a intérêt à survolter les lampes à filament de carbone de 5 0/0. Dépolir les lampes, c'est augmenter l'absorption de chaleur, c'est diminuer d'au moins 30 0/0 leur durée. *A l'inverse des lampes à filament métallique, les lampes à filament de carbone ont une durée plus grande, 30 0/0 environ, sur courant alternatif que sur courant continu.*

Remarquons, en outre, qu'en station horizontale, les lampes-carbone dispensent mieux leur lumière. Cette intensité, exprimée en bougies, croît plus vite que le voltage, et, sur alternatif, cette proportion atteint 25 0/0. Elle croît dans les premières heures de service. Pour utiliser les lampes-carbone à bas voltage, on intercale un *économiseur*, par exemple celui de Weissmann à circuit magnétique fermé. Cet économiseur donne ses meilleurs résultats avec les lampes à gros filaments. Quoi qu'il en soit, avec les lampes à filament de carbone, *la consommation diminue à mesure* que croît *la tension*. De là l'intérêt économique du survoltage de ces lampes.

C'est en 1801 que Thénard remarqua qu'en amenant en contact les deux fils d'une batterie électrique, ces fils rougissaient. En 1841, de Moleyns réalise la première lampe-ampoule ; en 1879, Edison enroule un fil de platine sur un bâton de chaux et y fait passer le courant. Nernst (1897) constate que les oxydes de terres rares sont inégalement conductibles suivant qu'ils sont basiques ou acides. Il lui vint alors l'idée de combiner un oxyde-acide de zirconium ou de thorium à un oxyde basique d'yttrium ou d'erbium ; il obtint ainsi une *lampe à filament fonctionnant à l'air libre.* En 1898, Auer fit connaître le filament d'osmium ; en 1903, Von Bolten le filament de tantale et Just celui de tungstène ; en 1904 Heany celui de titane.

S'il fallait établir une classification, nous dirions que le platine est le plus irradiant des métaux mais que le tantale et le tungstène sont moins fusibles que lui. Étant meilleurs conducteurs que le carbone, les filaments métalliques devront être plus longs ; un filament de platine sera 17 fois plus long qu'un filament de carbone. La *ténacité* des métaux permet d'en diminuer le diamètre. Ces différentes considérations font que les lampes à filaments métalliques reviennent plus cher, à l'achat, que les lampes à filaments de carbone.

Pour préparer les filaments métalliques, on part de solutions colloïdales obtenues par action sur l'eau d'un arc électrique dont les électrodes sont constituées par les métaux dont on veut obtenir la solution. Cette solution est ensuite évaporée dans le vide et le résidu, pétri avec de la glycérine, est passé à la filière puis séché. Il s'agit maintenant de transformer le corps colloïdal en un corps compact, cristallisé. On y arrive en répérant, dans une atmosphère d'hydrogène, par passage du courant électrique. Un autre procédé consiste à décarburer une pàte faite de charbon et du métal. Le montage des filaments dans la lampe demande des soins particuliers. Le support est en silice fondue dans laquelle sont implantés des fils soit d'oxyde de thorium et de magnésie, soit de nickel percés à la façon d'une aiguille pour livrer passage aux filaments, le tout étant ensuite soudé à la soudure autogène.

Le chimiste *Berzelius* obtenait le *Tantale* en décomposant par le potassium le fluotantalate de potassium ; *Childern* électrolysait de l'acide tantalique et *Moissan* parvint au même résultat par le four électrique. Aujourd'hui dans l'industrie, on a recours à deux procédés. Dans le procédé *Bouchard*, on précipite par l'acide sulfurique une solution de tantalate de potasse, on dissout le précipité obtenu dans l'acide oxalique et on électrolyse le composé obtenu. *Siemens* a recours aux rayons cathodiques pour fondre le métal dans le vide. C'est un peu là le procédé *Bolten* qui consiste à agglomérer en fil fin du tétraoxyde de tantale et à l'électrolyser dans le vide jusqu'à ce qu'il devienne brillant.

La *résistivité du tantale* augmente avec la température jusqu'à devenir 6 fois supérieure vers 1800°. Dans une atmosphère d'azote cette résistivité passe de 50 à 190 ohms. Comparé à la lampe carbone on constate, sous 110 volts, que le tantale fait par bougie 1 watt 65 et le carbone 3 watts 78. Le minimum de consommation (1 watt 57) se produit après 6 heures de service. Le tantale présente l'avantage que ses filaments peuvent se ressouder étant en service.

Le *tungstène* est fourni par le *wolfram* (tungstate de manganèse et de fer) ou par la *scheelite* (tungstate de calcium). Pour en tirer des filaments, on s'adresse encore au procédé des solutions colloïdales ou de la décarburation. *Westinghouse* part du trioxyde de tungstène et le réduit par le zinc au rouge.

Le *tungstène* convient peu aux voltages élevés, sa résistivité spécifique étant de 5 microhms. Il donne le watt 25 par bougie. *M. Dussaud*, dans le procédé qu'il a appelé la *Lumière froide*, utilise le *tungstène* enroulé en spirale dans une ampoule où l'on a fait le vide. Un courant de vingt watts (16 volts et 1,3 ampères) donne la même intensité lumineuse que 400 watts sur lampe carbone. La durée des lampes au tungstène est de 800 à 1.000 heures.

L'*osmium* a une densité supérieure à celle du platine. Il ne fond qu'à 2.600. C'est encore en décarbonant une pâte organo-métallique d'osmium au moyen du courant électrique qu'on étire les filaments nécessaires. La lumière fournie par les lampes osmium est très blanche. Toutefois, leur régime normal étant 25-37 volts, il faut avoir recours, sur 110 volts, à un transformateur à un seul enroulement en trois sections auquel on donne le nom de *diviseur*.

Le filament *osram* est un alliage osmium-tungstène ; il consomme 1 watt 25 par bougie et peut durer 2.000 heures.

Accordons une mention particulière au filament de *Parker* et *Clark* obtenu par dépôt de silicium sur du carbone. Jusqu'à 1380° le coefficient-température est négatif, au-dessus il devient positif. La conséquence de cette propriété est qu'il faut peu d'intensité de courant pour obtenir l'incandescence initiale et que cette incandescence se maintient avec tous les avantages qu'offrent les lampes à filament métallique. Une lumière très blanche, une durée moyenne de 1.200 heures, une consommation spécifique de 1 watt 25 par bougie sont les caractéristiques complémentaires du filament Parker. On a établi une lampe osram à filament de tungstène dans l'azote donnant la bougie par 0.5 watt et une intensité de 3.000 bougies.

Dans la lampe *Basch*, qui fut à la lampe ordinaire ce que la lampe Auer est à la lampe à filament de carbone, l'inventeur avait remplacé les charbons par des crayons en matière réfractaire (thorine, chaux, magnésie) réalisant ainsi une économie de courant de 40 0/0 ; dans la *Glowlamp* on avait transformé en réflecteur le fond de la calotte protectrice à laquelle l'appareil devait son nom. Dans la lampe *Nernst* nous retrouvons ces deux dispositifs associés. C'est en 1897 que Nernst eut l'idée de substituer aux charbons et aux métaux des lampes à incandescence un bâton de magnésie qu'il plaça au foyer d'un miroir présentant, sur sa paroi interne, un fil de platine destiné à être traversé par un fort courant électrique. La chaleur dégagée par le passage du courant était concentrée par le miroir sur le bâton de chaux qui était porté à l'incandescence. Ce résultat obtenu, le courant qui traversait le fil de platine était supprimé, pour ne continuer à passer que par le bâton de chaux. Nernst ne tarda pas à substituer au bâton de chaux des crayons faits de pâtes de formules diverses :

1° Oxyde de zirconium 80 %   2° Oxyde de thorium 70 %
   —   d'yttrium   10 %   —   d'yttrium 20 %
   —   d'erbium   10 %   — de zirconium 10 %

3° Oxyde de thorium 80 %
   —   d'yttrium 19,5 %
   —   de cérium 0,5 %

Fig. 6.
Résistance.

Actuellement la lampe Nernst comporte :

Fig. 5.
Brûleur.

1° Un bâton d'oxydes de terres rares ;

2° Un appareil de chauffage ou brûleur (fig. 5).

3° Un *ballast* ou résistance en fil de fer en série avec le bâton réfractaire (fig. 6).

La spirale de platine qui constitue l'appareil de chauffage entoure le bâtonnet ; le ballast est enfermé dans un tube contenant de l'hydrogène sec destiné à le refroidir. *La lampe Nernst est une lampe à air libre*. Elle consomme 2 watts à peine par bougie. Son régime normal est **225** volts. Le globe qui protège les parties essentielles de la lampe Nernst peut être ou transparent ou dépoli ou opale. Avec un réglage spécial, la lampe Nernst fonctionne aussi bien sur alternatif que sur continu. La résistance du filament varie suivant la tension du courant et suivant la puissance lumineuse

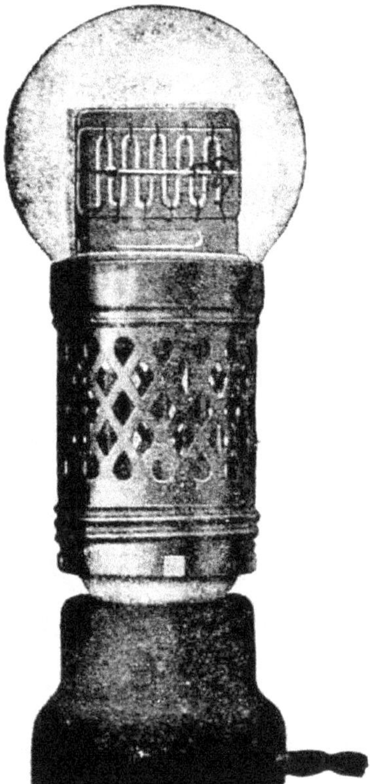

Fig. 7.

qu'on veut obtenir pour un voltage déterminé. C'est ainsi que sur 110 volts on pourra avoir de 15 à 70 bougies, avec dépense maxima de 1,83 watts par bougie et un service de 300 à 350 heures (fig. 7).

Lorsqu'on met le courant sur une lampe Nernst un double chemin s'ouvre à lui ; mais comme le

Fig. 8.

bâtonnet est encore froid et par conséquent offre une résistance considérable, le courant va emprunter le circuit platine qui s'échauffe et porter à l'incandescence le bâtonnet de terres rares en moins d'une demi-minute. Le deuxième chemin est ainsi ouvert au courant qui, par l'intermédiaire d'un électro-aimant, agissant sur une armature de fer doux, va rompre le courant sur le circuit platine. Le fil de fer fin entouré d'hydrogène et faisant fonction de résistance ne peut s'oxyder, mais il s'échauffe de plus en plus au passage du courant et oppose une résistance de plus en plus forte à ce courant. Cette augmentation de la résistance compense la diminution qui est particulière au bâtonnet, porté à l'incandescence : il s'ensuit que ce dernier reste soumis au voltage pour lequel il a été établi. La fig. 8 représente une lampe Nernst de projection à allumage automatique donnant 400 bougies sur 110 et 200 volts, la fig. 9 une lampe 600-1.400 bougies sur voltage identique. Dans le modèle indiqué par la fig. 10, l'allumage n'est pas automatique, il est réalisé au moyen de la flamme d'une lampe à alcool par exemple. Le pouvoir éclairant atteint 1.200 bougies sur 220 volts.

La *lumière Dussaud* n'a pas manqué, à son apparition, de susciter l'attention des praticiens, à ce point qu'on a parlé de révolution dans l'art de la projection. Il n'y avait pas seulement là, en effet, une concurrence à la lumière Moore et aux lumières Claude. *M. Dussaud* applique d'abord le *survoltage* à des lampes de voltage relativement bas. Le survoltage est très élevé, mais il n'agit que pendant un temps très court. Les lampes étant

montées par exemple sur un disque animé d'un mouvement de giration assez rapide, l'œil a l'impression
d'une lumière continue et intense. Du fait même de

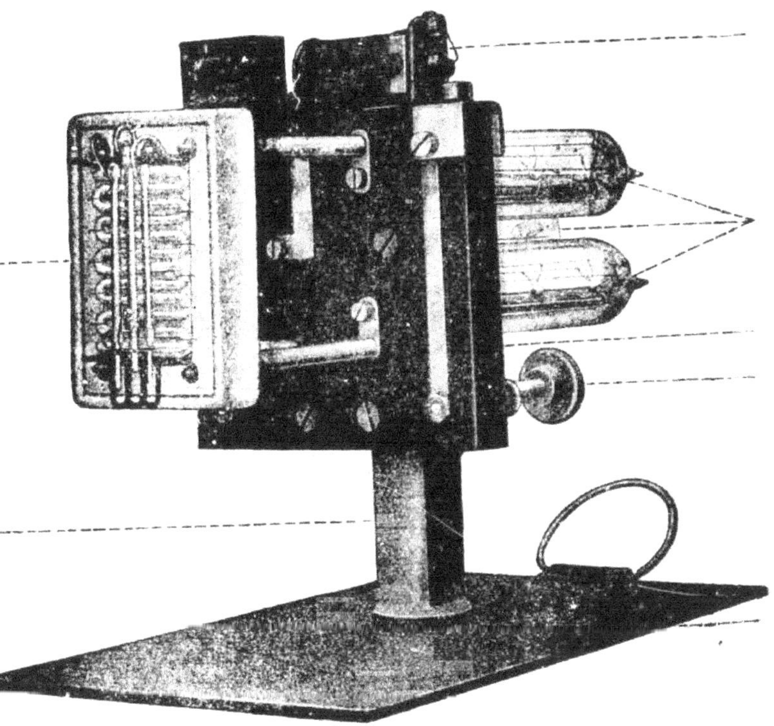

Fig. 9.

son dispositif, M. Dussaud a pu supprimer l'obturateur
de l'appareil de projection. Il ne peut y avoir d'échauffement puisque les lampes n'ont pas le temps de

s'échauffer. En outre, comme on l'a fait remarquer, la présence des *blancs* des épreuves cinématographiques, et la blancheur même de l'écran viennent encore ajouter à l'intensité de la lumière.

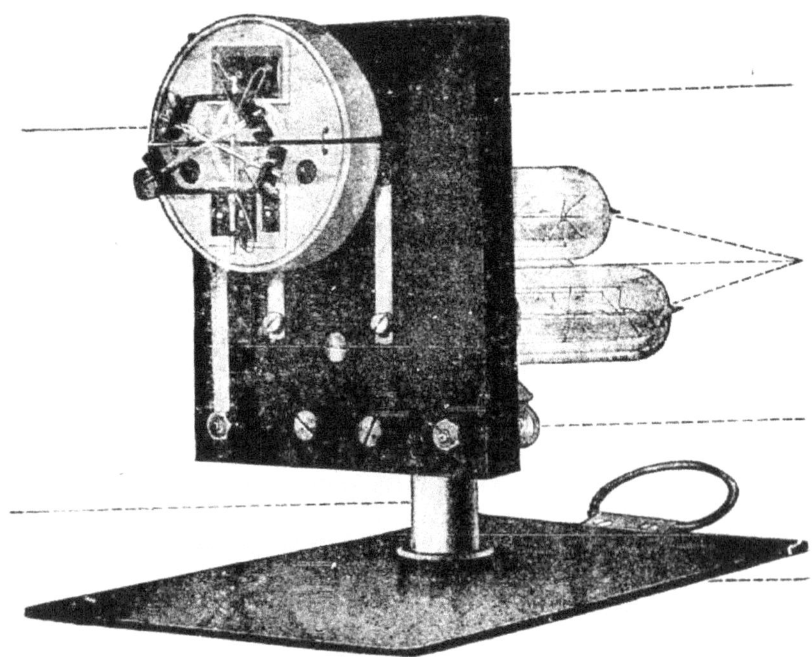

Fig. 10.

M. Dussaud a songé également à supprimer la lanterne de projection en plaçant à l'avant et à l'arrière de la diapositive une lentille double. Derrière, la « boîte à lumière froide » renferme une ampoule à filament métallique, qu'une simple pile peut alimenter et dont un commutateur va interrompre, à intervalles très rapprochés, le courant.

En ce qui concerne plus particulièrement le cinématographe. M. Dussaud combat le scintillement de la façon suivante. D'une bande négative, il tire deux positives dont l'une renferme toutes les images paires et l'autre toutes les images impaires et les deux bandes sont placées dans l'appareil de façon qu'une image paire reste immobile pendant que l'image impaire descend. Chacune des deux fenêtres du projecteur est éclairée par une *lampe Dussaud* pendant tout le temps que l'image correspondante est immobile. *L'interrupteur* est constitué par deux demi-anneaux d'ébonite en chicane sur la face externe du volant.

Pour la projection trichrome, M. Dussaud emploie trois boîtes à lumière.

Montage des lampes à incandescence

Tout le phénomène de l'incandescence par l'électricité repose sur celui de la production de chaleur par passage de courant dans un conducteur de matière, de forme, de dimensions appropriées. Il est le résultat de ce qu'on entend par *effet Joule*. Si E $=$ la *force électromotrice*, I *l'intensité du courant* et R la *résistance* du conducteur, le *travail* W produit pendant le *temps* t est donné par la formule : W = EIt *joules*.

Mais nous savons que E = RI, nous pouvons donc remplacer E dans la première équation par sa valeur RI et on a : W = R (2I) t *joules*.

L'unité Joule correspondant à *0,24 calorie*, nous aurons pour *chaleur produite* correspondant à W *travail* : 0,24 (R (2I) t) *joules*.

Quand on veut faire des calculs d'éclairage, on se sert pour chaque système de lampes d'une constante K obtenue en divisant le nombre de bougies atteint sur le filament par le nombre de watts capables de les fournir. Si F est le *pouvoir éclairant* d'une lampe donnée, si v est la *différence de potentiel* aux bornes de cette lampe et i *l'intensité du courant* on a : F = K $(vi)^3$.

Pour chaque genre de lampes, les constructeurs donnent les chiffres correspondants *watts* et *bougies*. Nous donnerons, à titre d'exemple, ceux des lampes carbone et des lampes osmium.

Lampes carbone

3, 8 watts par bougie pour			5 bougies
3, 5 —	—		10 —
3, 2 —	—	16 à 20	—
3, 0 —	—	22	—
2, 8 —	—	50	—
2, 4 —	—	100	—

Lampes osmium

20 volts	1.5	watt par bougie pour	22 bougies
25 —	0.955	—	—	46 —
30 —	0.654	—	—	99 —
35 —	0.487	—	—	171 —
40 —	0.380	—	—	275 —
50 —	0.352	—	—	460 —

Distribution

Il ne s'agira pas ici des trois grands modes de distribution :

Par courants continus,
— — alternatifs,
— — polyphasés,

mais de la distribution calculée d'après cette unité : le *watt* qui, comme nous le savons, dépend de ces deux dimensions électriques : *le volt et l'ampère*. Nous envisagerons donc deux classes distinctes :

Distribution à potentiel constant ;
— à intensité constante.

Lorsque les lampes à incandescence seront montées en *dérivation* et lorsque, suivant le nombre de foyers lumineux, l'*intensité totale* du courant passera par une courbe de variation, il faudra opter pour la distribution à *potentiel constant*, régime de la consommation branchée sur des canalisations principales à différence de potentiel constante. La distribution à *intensité constante* n'est pratique, en incandescence, que pour un *bas voltage* ou lorsque les foyers lumineux sont peu nombreux.

On adopte très souvent, pour l'incandescence, le *montage du circuit secondaire en parallèle*, les lampes de même voltage faisant partie du même groupe lumineux, la différence de potentiel étant égale à celle d'une lampe et l'intensité du courant à la somme des intensités des lampes. Cette considération a dicté aux constructeurs l'intérêt de l'établissement de lampes à faible intensité, à voltage élevé. *Lorsque dans un circuit, on doit monter des lampes de voltage différent il faut que le voltage de ces lampes soit contenu un nombre exact de fois dans celui qui indique le voltage du réseau.* On pourra mettre des lampes hors circuit si on les a réunies par des conducteurs secondaires, mais on s'arrangera de telle sorte *qu'on ne mette jamais hors circuit plus du cinquième des lampes en service.*

Par suite de la *perte de charge* que subit tout circuit parcouru par un courant électrique, les lampes extrêmes ne sont plus à la tension prévue. La disposition des lampes en *ceinture* permet d'obvier à cet inconvénient ; mais elle comporte un fil de longueur double et doit être calculée comme si toutes les lampes étaient groupées au point le plus éloigné du circuit. La forme circulaire n'est d'ailleurs que schématique. Suivant la configuration de la salle à éclairer, elle peut être rectangulaire, etc., mais les foyers lumineux y sont toujours à égale distance ou de la dynamo ou du compteur ou de la prise principale. Quoiqu'il en soit, les deux fils conducteurs prennent une direction opposée telle que *la première lampe à droite soit branchée au commencement du fil positif et à la fin du fil négatif. La dernière lampe sera donc placée à la fin du fil positif et au commencement du fil négatif.*

Dans la distribution *à trois fils*, qui porte encore le nom de distribution d'*Édison*, on a recherché et atteint une économie de courant en s'appuyant sur les considérations suivantes : Étant donné des lampes en séries de deux, placées entre deux conducteurs ayant le même voltage que celui de ces deux lampes types, la perte de charge est doublée et il y a deux fois moins d'intensité à fournir. En quadruplant la résistance des conducteurs pour un même voltage, on en réduira d'autant le prix de revient. L'inconvénient d'un tel montage serait de ne pouvoir allumer ou éteindre les lampes que par série de deux. Pour y obvier et pour conserver l'économie du système, il faut disposer de deux dynamos, par exemple, associées en tension et les relier par connexion à un fil intermédiaire dont le courant sera égal à la *différence* des courants qu'alimentent les lampes situées de part et d'autre de ce fil intermédiaire. Si nous avons 120 ampères sur une ligne et 80 sur l'autre, c'est 20 ampères que nous compterons sur le troisième fil intermédiaire, près de la source. En faisant dépendre des deux autres conducteurs des lampes qui ne peuvent être mises en circuit que toutes ensemble, on pourra diminuer la section du fil intermédiaire et cela d'autant mieux, qu'on aura fait sur chacun des deux autres conducteurs une répartition équilibrée. D'autre part, on peut introduire dans le système un transformateur rotatif, ce qui dispense de la nécessité d'avoir deux dynamos en tension.

Le système de *distribution à cinq conducteurs* est un perfectionnement de celui à trois fils mais il n'est possible que si on a réalisé le parfait isolement des conducteurs, car les différences de potentiel sont toujours très élevées. Elle est, pour les deux conducteurs extrêmes, égale à quatre fois le voltage de la dynamo génératrice. Aussi a-t-il fallu introduire entre ces fils extrêmes un système compensateur comportant quatre dynamos accouplées qui se mettent à tourner et par conséquent à entraîner, par courroie ou par connexion, les dynamos qui correspondent aux *foyers* ayant un potentiel trop bas.

L'installation de dynamos multiples est souvent, sinon onéreuse, du moins peu pratique. On leur substitue des *accumulateurs* qui offrent l'avantage de pouvoir se passer, à certaines heures, de la source principale de courant ou d'être utilisés à d'autres fins. Disons, toutefois, que les accumulateurs ne sont pas économiques, et qu'ils n'offrent d'avantages sérieux, que lorsqu'on a la latitude de ne pas utiliser tout le courant fourni par les dynamos.

Les accumulateurs et les lampes étant branchés en dérivation sur le circuit principal, les accumulateurs jouent alors le rôle ou de soupape ou de réservoir suivant qu'ils redonnent ou emmagasinent l'excès de courant.

On a donc substitué aux quatre dynamos, quatre séries d'accus, munies de relais assurant l'automatisme de la régulation du courant sur cinq fils et d'une résistance correspondant *à une connexion du centre des batteries à la terre.*

Lorsqu'on veut procéder à la distribution du courant par accumulateurs, il faut les diviser en deux batteries en série dont l'une se charge pendant que l'autre débite. Quand on veut substituer une batterie à l'autre, il faut intercaler les résistances nécessaires en prenant, contre les extra-courants, toutes précautions utiles.

Ce que nous venons de dire du rôle des accumulateurs va nous faire comprendre le progrès qu'ont réalisé les *transformateurs.* Leur induit comporte deux enroulements et, par là, il peut être considéré comme un induit double. Par un des enroulements vient un courant; dit *primaire,* de *haute tension.* Ce courant réagit sur le deuxième enroulement pour y développer un courant de *bas voltage* et par conséquent de *forte intensité.* Mais au lieu d'avoir une machine unique nous pouvons imaginer une source de haute tension qui viendrait actionner un premier moteur qui lui-même mettrait en mouvement une dynamo en *continu* fournissant aux lampes le courant nécessaire.

Il y a utilité à réunir en série les conducteurs primaires pour obtenir l'égalité de potentiel à la source, les transformateurs tournant d'autant plus vite que le potentiel tombe davantage à la génératrice.

Il est essentiel, ou tout au moins intéressant, de savoir comment les stations procèdent à la distribution du courant dans les villes, cette distribution pouvant être imitée dans les usines, dans les grandes exploitations, pour cette simple raison que non seulement on doit être averti à la salle des machines de toutes les modifications qui peuvent se produire en n'importe quel point du circuit, mais aussi assurer l'indépendance des différentes sources lumineuses et la régularité de la tension générale.

La règle est de réunir tous les conducteurs de même signe, de façon à former deux réseaux négatif et positif qui seront les réseaux de distribution, les circuits principaux portant le nom *d'artères,* en anglais *feeders.* Tout le système est lié à la loi d'équivalence. Il ne faut pas oublier que plus on s'éloigne de la source centrale, plus le conducteur augmente de section pour compenser la perte de charge. C'est pour cette raison que les courants alternatifs à haute tension ont rapidement conquis tant d'importance. La connaissance de la tension aux différents points du réseau a une importance capitale. On y parvient en reliant ces points à la station centrale par des *fils de volts* qui aboutissent à des appareils de mesure. L'installation est complétée par des résistances *en quantité*, correspondant aux *artères*, destinées à maintenir l'équivalence de potentiel, suivant les besoins de la consommation.

Quelques mots sur *les courants alternatifs*. Les machines qui les produisent reposent sur des phénomènes d'induction provoquée dans une bobine qui tourne entre les pôles d'un électro-aimant, ces pôles changeant *alternativement* de sens, de signe, à chaque temps de la rotation, chaque fois que la bobine entre dans un nouveau champ magnétique. Ce changement se reproduit dans le circuit extérieur, mais à intervalles d'autant plus rapprochés que la rotation est plus rapide. Schématiquement, les courants alternatifs affectent la forme figurée d'une vibration correspondant à la *période* dont la numération rapportée à la seconde, unité de temps, nous fixe sur la notion essentielle de *fréquence*.

Nous avons indiqué comment les arcs électriques se comportaient sur courants alternatifs, les diagrammes démontrant, qu'après chaque extinction théorique, l'intensité tombait à zéro pendant l'espace d'un huitième de période alors que la tension marquait une ascension brusque pour revenir ensuite à une *plage* qui se prolongeait pendant le reste de la demi-période.

Au point de vue *distribution* nous répétons que l'avantage offert par les courants alternatifs est de pouvoir être produits à des tensions de plusieurs milliers de volts pour être répartis chez les consommateurs à un voltage beaucoup plus faible (110, 220 volts), *la fréquence étant de 40 à 90 périodes.*

Le point le plus délicat est évidemment *le réglage des alternateurs*, soit par condensateurs intercalés, soit, ce qui vaut mieux, en rendant indépendants l'un de l'autre les enroulements primaire et secondaire des transformateurs, les lampes à arc ou à incandescence en série venant, sur le secondaire, remplir l'office de *résistance régulatrice.*

Les transformateurs sont à *courant constant.* Leur type *statique* comporte une bobine inférieure fixe (bobine primaire), une bobine supérieure pouvant être rapprochée ou éloignée (bobine secondaire) réagissant sur un noyau à double enroulement, le tout enfermé dans un bac de fonte et plongeant dans l'huile qui facilite le refroidissement. *La* ou les *bobines* mobiles sont soumises à la double action antagoniste d'un contre-poids et d'une répulsion magnétique, la diminution de l'action du contre-poids correspondant à la diminution du courant secondaire, à une fraction minime d'ampère près.

Les variations qui surviennent dans le courant primaire ne peuvent donc influer sur l'éclairage qui dépend du secondaire. Théoriquement, il faut deux transformateurs sur courant biphasé, trois sur courant triphasé.

Quand il s'agit de l'installation d'un réseau urbain, les transformateurs sont placés aux points où la consommation est la plus intense et on les relie par un réseau spécial, les lampes étant allumées par le courant d'un réseau à trois fils dépendant du transformateur.

C'est là, du moins, le système qui, théoriquement, apparaît comme le plus économique.

Nous ne croyons pas utile de nous étendre sur l'installation de *sous-stations de transformateurs* réalisées pour améliorer le rendement de ces appareils.

Les *phases* sont dues à des dispositions particulières des machines génératrices ; elles résultent d'un *décalage* tel que pour les courants *diphasés*, un courant tombe à zéro au moment où l'autre se développe. Dans le mode *triphasé*, le troisième courant commence à se développer lorsque le second est à son maximum et le premier à son minimum. Les courants *triphasés* conviennent *aux moteurs*, les courants *diphasés à l'éclairage*.

Aussi, pour pouvoir utiliser les courants triphasés pour l'allumage des lampes, on fait usage, soit d'un quatrième fil, soit *d'une mise à terre*.

Quoi qu'il en soit, la théorie veut que le courant triphasé alimente trois lampes pour une. Si l'on veut brancher les trois fils sur une seule lampe, il faut encore intercaler un quatrième fil ou une mise à terre ; le dispositif n'est pas applicable aux lampes à arc.

Ce sont ces considérations qui ont amené la conception du *transformateur à champ tournant*, grâce auquel on supprime le troisième fil.

Les *convertisseurs polymorphiques* ont précisément pour objet de restituer soit du courant continu, soit des courants mono ou polyphasés. Nous comprendrons dans cette classe : 1° les *moteurs-générateurs* dont le rendement est de 65 0/0, soit, sur 110 volts, 70 volts ; 2° les *commutatrices* plus délicates et auxquelles, au-dessus et même au-dessous de 50 ampères, il faut adjoindre un transformateur statique : même réflexion en ce qui concerne les *permutatrices*.

Nous avons parlé du *Convertisseur Cooper-Hewitt*. Nous ajouterons quelques mots concernant le *Redresseur statique Heintz de Faria* qu'exploite la maison Gaumont et dont le principe consiste en l'emploi de deux électrodes, l'une de plomb, l'autre d'aluminium plongeant dans un *électrolyte* de formule spéciale. Les *bacs* sont en tôle plombée soudée à l'autogène.

L'aluminium a la propriété de ne laisser passer le courant que lorsqu'il devient, sur courant alternatif, *pôle négatif*. Le courant n'est donc restitué par l'appareil que dans un seul sens, il est *redressé* et acquiert les propriétés du courant continu. Pas d'émanations, pas de bruit, excellent rendement, telles sont les qualités de ce redresseur statique.

On donne au type de transformateurs que nous avons tout d'abord décrit le nom de *transformateur homomorphique*, c'est-à-dire n'agissant que *sur la qualité du courant*. Pour concevoir l'économie réalisée par le système qui, nous le savons, abaisse le voltage du courant fourni, il suffit de nous rappeler que le courant nous est compté en watts par l'administration des secteurs. Pour une forme de courant donné (alternatif ou continu) l'ampérage de la lumière est un chiffre constant, 35 sur alternatif, 45 sur continu. Les watts étant le produit des volts par les ampères, nous paierons d'autant moins cher que notre voltage sera moins élevé, en tenant toutefois compte de ce fait qu'il nous faut, sur l'arc, au moins 60 volts.

De cette classe nous rapprocherons la *bobine de self*, d'un maniement assez délicat, et qui doit être réglée une fois pour toutes, par enfoncement du noyau dans la bobine. *La bobine de self ne transforme pas le courant alternatif en continu.*

Nous avons parlé de la **lampe** *Nernst,* nous avons

montré par quel ingénieux dispositif on avait assuré son allumage. Mais cet allumage n'est pas *instantané*. On lui associe donc souvent des lampes à incandescence qui s'éteignent lorsque la lampe Nernst entre en service. On fait dépendre le circuit de ces lampes du disjoncteur magnétique de la lampe *Nernst*.

Si nous ne considérons maintenant que la *partie économique de l'éclairage par lampes à incandescence*, nous dirons que si nous calculons la surface de la salle à éclairer en multipliant sa longueur par sa largeur nous obtiendrons un certain nombre. En augmentant ce nombre de sa moitié, nous aurons en *bougies* le chiffre qui nous permettra de déterminer le nombre de lampes à installer.

Les fils fusibles des coupe-circuit sont en plomb ou en étain : l'étain est préférable, ou encore l'alliage *étain 40 0/0 plomb 60 0/0*. Les fusibles sont protégés par des boîtes ou bouchons de sûreté. Leur diamètre est donné par le tableau suivant :

5/10 mm. pour	....	10 ampères
8/10 mm.	—	.... 18 —
11/10 mm.	—	.... 25 —

Au-dessus de 10 ampères on utilisera des coupe-circuit bi-polaires branchés par conséquent, sur le fil aller et sur le fil retour. Au-dessus de 10 ampères, on se servira de coupe-circuit uni-polaires, branchés sur un seul fil.

Il faut se garder de remplacer un fusible lorsque le courant passe dans le conducteur affecté. Lorsque ce fusible correspond à un certain nombre d'appareils ou à un appareil important, sa fusion ou sa rupture provoquent sur a machine un accroissement de vitesse qu'il faut modérer.

On trouve dans le commerce toutes les pièces accessoires nécessaires à une installation de lampes : *prises de courant, raccords, appliques* et *patères, lustres* et *bélières*.

L'opération de la soudure des conducteurs entre eux est toujours délicate. Les deux conducteurs de cuivre sont attachés ensemble au moyen d'un fil de même métal d'au moins un millimètre et les extrémités à réunir sont, au préalable, polies à l'émeri ; on veille à ce que la soudure pénètre bien la ligature dans toute sa masse. La soudure sera nettoyée une fois refroidie.

Quand il s'agit de conducteurs isolés, il faut soigneusement les dénuder en évitant de les entailler. On ne tord les fils qu'au-dessous de deux millimètres ; au-dessus on les rapproche comme il vient d'être indiqué.

Quand il s'agit de câbles de conducteurs formant noyau et recouverts de fils-enveloppes, on relève ces fils de l'enveloppe de façon à dégager les fils du noyau pour pouvoir amener au contact leurs sections. Les fils de l'enveloppe sont alors rabattus de façon à être enchevêtrés, chaque fil appartenant à une des portions du câble tronqué se trouvant entre deux fils de l'autre portion et on soude à l'étain.

Lorsqu'il s'agit de brancher un conducteur de faible section sur un câble, on ne branche ce conducteur que sur un ou quelques fils du câble, que l'on protége par un morceau de cuir pendant l'opération du soudage, qui s'exécute à la lampe pour les conducteurs minces, au fer pour les forts conducteurs. La gutta est encore ce qu'il y a de mieux pour assurer l'isolement des soudures.

Il n'est pas nécessaire, il est même nuisible, de tendre, à l'intérieur d'un immeuble, outre mesure, les conducteurs qu'on pourra rapprocher à quelques centimètres les uns des autres quand ils seront logés dans des *moulures*. On sait qu'à l'extérieur des bâtiments les *conducteurs nus* doivent être au moins à 50 centimètres les uns des autres.

Ne croiser les fils que lorsqu'ils sont parfaitement isolés. La méthode qui consiste à noyer les fils dans une maçonnerie est mauvaise. On trouve dans le commerce des planches à rainures qui se fixent au moyen de tire-fonds à tête fraisée et des supports isolants de tous modèles en porcelaine, dont le plus simple est la *cloche* sur laquelle le conducteur est fixé par un collier de fils de fer galvanisé, ce qui est préférable à un enroulement du conducteur sur la cloche. Les *boutons de croisement* seront utilisés pour le renvoi des fils de la muraille à un point quelconque du plafond ou d'un pilier intérieur par exemple ; ces boutons comportent un canal par lequel on fait passer le fil. On substitue parfois aux boutons de croisement de simples clous cavaliers recouverts d'émail isolant ou des tubes de porcelaine, de verre, etc. Ces mêmes tubes sont indispensables quand on a à faire traverser au conducteur un mur, une paroi épaisse, à raison d'un fil par tube.

Cinéma-Revue a publié (mars-avril 1913) un très intéressant article sur *quelques schémas d'installations électriques* et en 1912 quelques pages concernant l'établissement d'un avertisseur lumineux pour salle de spectacle.

C'est que l'emploi de l'électricité et, plus particulièrement de la lumière électrique, est venu apporter à *l'art de la réclame* un secours merveilleux, des ressources aussi précieuses que multiples.

La projection fixe d'abord, la projection animée ensuite ont été et sont encore trop utiles à la réclame lumineuse pour que nous omettions de les signaler.

Nombreux ont été les appareils de projection fixe destinés à attirer l'attention du public sur les produits de telle ou telle firme. Ces appareils ont été rendus automatiques.

Les clichés destinés à être projetés y étaient placés les uns à côté des autres de façon à affecter une forme polygonale. Mais leur nombre ne pouvait être que relativement limité. Un des dispositifs les plus remarquables est celui connu sous le nom de *Circus* dans lequel 100 clichés 8×9 sont placés suivant une circonférence non pas bord à bord mais face à face, tel les feuillets d'un livre. Le cliché est encastré dans un châssis porté par un chariot roulant sur une voie circulaire à deux rails. Au moyen d'un petit moteur, logé dans le socle du Circus, un système de leviers reçoit, dans le plan de la voie circulaire, un mouvement alternatif d'avant en arrière, par l'intermédiaire d'un train d'engrenages solidaire d'une vis. En arrière et à l'extrémité de sa course le système est complété par un crochet à encoche qui vient prendre le tenon du chariot le plus proche du condensateur pour le pousser dans le champ de ce dernier pendant que le châssis-porte-cliché vient s'engager dans une rainure et se placer dans le champ optique. Quand il est centré, le crochet, grâce à sa forme spéciale, abandonne son tenon et revient en arrière, étant solidaire du levier qui suit le même mouvement. A ce moment précis, l'obturateur s'ouvre pour se refermer lorsque le crochet a saisi le chariot suivant, un autre crochet saisissant le premier chariot pour lui faire quitter le champ et l'entraîner. Le cliché pivote et vient s'appliquer sur le côté opposé de la pile de diapositives. Les figures 11 et 12 montrent un autre système qui donne également des projections se succédant sans à coup.

Un autre système, qui s'inspire d'un jeu d'ombres chinoises et de tableaux transparents, d'un simple jouet, donne l'illusion d'une scène théâtrale. Son

Fig. 11.

matériel comprend des écrans transparents ou ajourés, représentant différentes scènes, et formant le devant du théâtre. Une forte lumière les éclaire par derrière. Sur un axe que porte une barre transversale on place un

disque à plusieurs couleurs et grâce à l'écran anté-
rieur, coloré ou ajouré à cet effet, on obtient une série
de vues animées d'un caractère particulier, fontaines
lumineuses, danses, etc. Au lieu d'un disque rotatif
vertical, parallèle à l'écran, on peut faire tourner un
disque horizontal, perpendiculaire à l'écran, sur lequel
on aura placé des personnages d'ombres chinoises.
L'effet produit est remarquable.

Mais le sujet qui nous intéresse le plus est *celui des
enseignes lumineuses* proprement dites et on peut dire
que c'est le cinématographe, la connaissance du principe, de la loi physiologique sur lequel il repose, et qui,
nous le savons, est la persistance des impressions
rétiniennes, qui ont fait réaliser ces allumages et
extinctions rapides, automatiques, qui conduisent aux
résultats que nous admirons.

Les enseignes lumineuses n'acquièrent pas ainsi seulement une originalité propre ; mais elles deviennent
économiques dans une proportion qui va jusqu'à
75 0/0, suivant les constructeurs.

Au début, les intermittences étaient obtenues par le
simple jeu d'un commutateur actionné par un petit
moteur et les lampes étaient placées derrière un transparent, sur lequel les lettres, les dessins de l'enseigne
étaient figurés. Puis on eut l'idée de se servir de lettres
transparentes, colorées, d'y loger la source lumineuse
et même de leur donner d'énormes dimensions. Puis

vinrent les enseignes animées dont le chef-d'œuvre semble avoir été réalisé par les Américains dans une enseigne représentant une course de chars romains.

Fig. 12.

Tous les Parisiens ont vu sur les boulevards la *roue diabolique* formée d'un certain nombre de lampes s'allumant et s'éteignant par série de 5 ou de 10.

L'instantanéité n'a été rendue possible que par l'emploi des *lampes à filaments métalliques survoltées*. Lorsqu'au contraire, on ne cherche pas à réaliser cette instantanéité dans la suppression totale de la lumière au 1/20e de seconde, on s'adresse aux lampes à filaments de carbone et c'est avec elles qu'on imitera les étoffes qui semblent ondoyer, flotter au vent, les éventails qui battent, etc. Là, les lampes sont disposées par région. Quand le motif animé est accompagné d'une enseigne lumineuse, il faut faire usage soit de deux commutateurs tournants à différentes vitesses, soit d'un commutateur cylindrique dont le modèle le plus simple nous serait fourni par les cylindres des boîtes à musique. Décrire ces cylindres c'est donc décrire les commutateurs électriques qui nous occupent.

Je ne ferai pas l'historique de ces *tabatières* qui eurent, au siècle dernier, une telle vogue et qui, souvent, étaient de vrais bijoux, des merveilles de petitesse, me réservant de consacrer *aux automates* une étude spéciale.

C'est grâce à l'invention de l'*ellipse,* de la roue taillée en degrés d'escalier, qu'on a pu modifier les cylindres primitifs des boîtes à musique et arriver à changer les airs après chaque révolution complète du cylindre, ce qui a fortement développé l'industrie des *Cartels.*

Le mécanisme comporte :

1° La platine de support ;

2º Un barillet entraîneur mû par un ressort ;

3º Le régulateur mécanique ;

4º Le cylindre muni des goupilles correspondant aux notes musicales ;

5º L'ellipse ;

6º Le clavier d'acier ou peigne.

Le cylindre est un tube de laiton monté sur une tige ou axe déprimée en son milieu et dont les extrémités comportent deux parties rondes, de diamètre différent, destinées à assurer le frottement longitudinal des *tampons* du cylindre. Sur la partie ronde de gauche on remarque une roue dentée en correspondance avec le premier pignon du régulateur et le pignon solidaire du barillet moteur. Un ressort spécial pousse le cylindre vers la gauche et ici intervient précisément la pièce caractéristique, qui porte le nom d'*ellipse*, fixée par une vis à la roue de l'axe. Cette roue est munie d'une tige qui, librement, entre dans le *tampon* de l'axe du cylindre. Sur tout le pourtour de l'ellipse on a creusé autant de dents qu'il y a d'airs de musique à jouer. Les degrés de l'ellipse se raccordent par une pente douce et ils ont pour hauteur la distance qui sépare deux encoches. Le *tampon* est muni d'une vis à tête carrée qui appuie sur la circonférence des escaliers et qui est un peu plus longue que la hauteur du degré le plus élevé. Le cylindre est sollicité à se déplacer par un petit prolongement qui vient pousser une *goupille* du cylindre. En même temps la tête carrée de la vis monte sur le degré suivant. Le petit prolongement dont nous parlons est donc un embrayage et il suffit de l'écarter pour que le même air continue.

Certains systèmes de réclame lumineuse sont une ingénieuse application du mécanisme de la *machine à écrire* et ils permettent de multiplier, sur un même panneau, les enseignes.

Je ne veux pas m'attarder, outre mesure, sur tous les sujets qui ont été imaginés et représentés, grâce à la réclame lumineuse animée. On peut dire que pour 0 fr. 25 par heure on suffit à la dépense de 15 lampes alternatives. Il faut tenir compte d'un droit *moyen* de voirie de 90 francs et d'un droit de timbre de 10 francs par mètre carré. Ce droit est, du reste, ascendant et, avec les nouveaux tarifs, double le prix de revient.

Les gaz et vapeurs, sources de lumière

J'éprouve quelques regrets à traiter bien rapidement une question qui, pour d'autres, a fait l'objet d'importants volumes. Mais, il faut avouer que, l'électricité étendant de plus en plus son domaine, la lumière produite au moyen de gaz ou de vapeurs d'origines diverses, n'est plus utilisée que par ceux qui, pour des motifs quelconques, ne peuvent avoir recours à celle de l'arc.

En réalité, entre les mains d'un professionnel averti, les sources lumineuses, autres que la lumière électrique, ne présentent pas de danger.

1° La lumière *oxy-éthérique* a pour elle de réelles qualités. Elle consiste essentiellement en un bâton, ou une pastille de terre réfractaire (chaux, etc.) portée à l'incandescence par un jet enflammé d'oxygène et d'éther. L'appareil se compose : 1° d'un générateur d'oxygène ; 2° d'un carburateur où le mélange gazeux s'effectue ; 3° d'un chalumeau muni du dispositif qui règle l'éloignement du bloc réfractaire par le jeu combiné de boutons et de crémaillères. 75 centilitres d'éther donnent environ 4 heures de lumière pour une intensité moyenne de 2.000 bougies.

2° La lumière *oxy-acétylénique* a recours à un mélange d'acétylène et d'oxygène. L'oxygène peut être débité soit d'un tube dans lequel il est comprimé, soit d'un réservoir dans lequel on incinère en vase clos un composé chimique connu sous le nom d'*oxygénite* donnant par kilogramme 300 litres de gaz, l'allumage de l'oxygénite étant produit par une poudre spéciale. Ce système est dérivé de l'appareil Limousin. *L'acétylène* est produit dans un autre réservoir soit au moyen du carbure du commerce, soit au moyen de carbure de calcium transformé pour donner un minimum d'odeur. On atteint avec la lumière oxy-acétylénique facilement 2.500 bougies.

3° La lumière oxhydrique est fournie par un mélange enflammé d'oxygène et d'hydrogène. Les tubes où ces gaz sont comprimés sont encore les meilleurs réservoirs à utiliser. Avec la lumière oxhydrique on obtient 2.500 à 3.000 bougies.

Pour être utilisés, les gaz ont besoin d'être *détendus*, et débités par le *chalumeau* sous une pression constante. Des olives, marquées à l'initiale du gaz correspondant, indiquent comment les réservoirs doivent être branchés au moyen de tubes de caoutchouc. Avant d'ouvrir le détendeur de l'hydrogène, on règle le

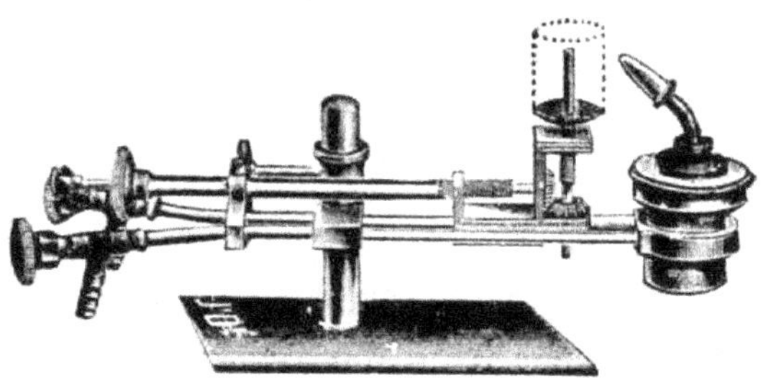

Fig. 13. — Chalumeau sur son support.

pointeau correspondant, on livre passage à l'hydrogène qui siffle par l'ouverture du chalumeau ; puis on gradue l'arrivée de l'oxygène jusqu'à ce que la flamme qui dépassait le cylindre de chaux soit réduite à un point et ait perdu tout aspect rougeâtre. L'hydrogène et l'oxygène se mélangent dans la proportion de un *tiers* d'oxygène et deux tiers d'hydrogène avec un débit de 800 litres au maximum à l'heure.

Les appareils mano-détendeurs se composent (fig. 14) :

1° D'un manomètre indicateur de la pression *intérieure* du réservoir ;

2° D'un manomètre correspondant au gaz détendu ;

3° Du pointeau micrométrique agissant sur le ressort du *détendeur* ;

4° Du raccord qui fixe le mano-détendeur sur le tube ;

Fig. 14. — Mano-détendeur.

5° Du raccord de débit pour legaz ;

6° D'une soupape dite de sûreté.

Lorsque le mano-détendeur a été vissé, à la place du chapeau protecteur, sur le tube de gaz et que la valve de débit de ce tube a été ouverte, le pointeau micrométrique est vissé progressivement jusqu'à ce que l'aiguille du second manomètre indique la pression à laquelle on doit opérer, le premier manomètre servant à indiquer la quantité de gaz restant dans le réservoir à n'importe quel moment de l'opération, *en multipliant le chiffre de capacité indiqué sur le tube par celui qu'indique l'aiguille du manomètre.* On peint en rouge les mano-détendeurs pour hydrogène et on les visse à gauche.

Au lieu d'hydrogène, on peut utiliser le gaz d'éclairage fourni par un bec domestique.

Pour que les valves des tubes-réservoirs ne soient que graduellement ouvertes, on a eu l'idée de diminuer le diamètre du volant à main et d'augmenter sa hauteur. La valve ainsi ne peut gripper et lorsque celle-ci est normale on ne peut pas ouvrir brutalement la bouteille. Peut-être aurait-on dû, en prévision du grippage des valves, augmenter le diamètre du volant.

Bien que *l'oxy-alcool* et *l'oxy-essence* aient rendu de nombreux services, le cadre étroit dans lequel nous sommes placés et surtout leur emploi restreint, sont autant de raisons pour que nous ne nous arrêtions pas outre mesure à ces intéressantes lumières.

Nous terminerons donc là notre série concernant les notions nécessaires à *l'opérateur* de cinématographe, sur la lumière qu'il emploie, persuadés que nous sommes de n'avoir pas, d'ailleurs, épuisé le sujet.

DIJON, IMP. DARANTIERE.

LIBRAIRIE PHOTOGRAPHIQUE
de CHARLES-MENDEL, éditeur, 118, rue d'Assas, PARIS

CONDITIONS DE VENTE. — Les prix ci-dessous sont entendus pour ouvrages pris dans nos magasins, chez les libraires ou les marchands de fournitures photographiques. Ces intermédiaires sont tenus de vendre aux **prix marqués** sur nos catalogues.

Il n'est pas ouvert de compte, tous nos ouvrages étant vendus **au comptant, sans aucun escompte, quel qu'il soit.**

EXPÉDITIONS. — L'emballage est *gratuit.*

Le port est toujours à la charge de l'acheteur. Les frais peuvent en être calculés à raison de dix pour cent du montant de la commande.

EXTRAIT DU CATALOGUE

BERTHIER (A.) **La Carte Postale photographique et les Procédés d'Amateurs.** Un volume in-16 de 112 pages...... fr. **1 50**

BIGEON (A.) Avocat Cour d'Appel **La Photographie et le Droit,** 1 vol in-12 de 320 p.. fr. **3 50**
Résumé de la jurisprudence photographique et examen complet de toutes les questions juridiques intéressant les photographes : la contrefaçon, la propriété du cliché, le droit d'instantanéiser, les formalités à remplir, etc.

BOYER (JACQUES). **La Transmission télégraphique des Images et des Photographies.** — Un volume de 88 pages grand in-8° avec 25 figures dont 9 hors texte................................. fr. **6** »
Ce volume est consacré au passionnant problème de la transmission lointaine des images à l'aide de l'électricité.

CARTERON (J.) **Le Paysage en Photographie,** 1 vol. broché avec planches...... .... fr. **2** »

CARTERON (J.). **Photographie. — Les Débuts d'un Amateur.** Exposé méthodique de toutes les connaissances utiles à un amateur de photographie. 1 vol. in-16 de 250 p. avec nombreuses gravures. fr. **2 50**

CLERC (L.-P.). **La Photographie Pratique.** Traité complet résumant toutes les connaissances théoriques et pratiques indispensables à l'Amateur qui veut faire de bonnes photographies et se perfectionner rapidement dans cet art. 1 vol. broché in-8° raisin de 320 p. illustré à profusion de gravures originales............................... fr. **3 50**

CLERC (L.-P.). **La Chimie du Photographe.** 1 vol. **1 50**
Notions de Chimie photographique.

CHAPLOT. **La Photographie récréative et fantaisiste.** Trucs, ficelles, procédés, tours de main, photographie amusante. Récréations photographiques. 1 beau vol. très abondamment illustré.. fr. **6** »

CLÉMENT (A.-L.). **La Photomicrographie.** 1 volume avec 95 fig. dessinées par l'auteur.................................... fr. **2** »

COUPIN (H.) Docteur ès sc. **Ce qu'on peut voir avec un petit Microscope.** 1 volume in-16 de 120 p. avec 10 pl. renfermant 263 fig. dessinées d'après nature par l'auteur................................. fr. **2** »

1915

COUSIN (P.).   **Annuaire-Manuel de la documentation photographique** publiée sous les auspices de la Commission d'organisation du Congrès de la Documentation tenu à Marseille, sous la présidence de M. le général Sébert. 1 vol. in-8º raisin de 224 pages .... fr. **5** »

DARNÉ (R.-A.).   **Les procédés aux Sels de Chrôme**, 1 vol., 80 pages in-16 .... fr. **2** »
Dans cette brochure l'amateur trouvera le moyen, à l'aide d'un sel unique, peu couteux, facile à trouver seul ou associé à d'autres produits d'usage courant, d'affaiblir, renforcer, améliorer ses clichés, ses épreuves, d'aborder des procédés reconnus partout comme étant les meilleurs et les plus intéressants.

DARNÉ (R.-A.).   **Les Portraits d'Amateurs.** — Un volume broché de 80 pages avec 8 planches hors texte................. fr. **2** »

DELAMARRE (ACH.)   **Le Laboratoire de l'Amateur.** — Installation et organisation du Laboratoire, éclairage, lavage, classement des clichés, etc. .... fr. **1 25**

DELAMARRE (ACH.).   **Les Agrandissements d'Amateur.** 144 pages, 1 vol. in-16 illustré de 26 fig................................. fr. **2** »

DELAMARRE (ACH.).   **Les Agrandissements à la lumière artificielle**, 1 vol. in-16 de 112 p., illustré de nombreuses figures .. fr. **2** »

DELAMARRE (ACH.).   **La Photographie Panoramique**, 1 volume in-16 de 70 pages.. fr. **1 25**

DESORMES et BASILE   **Dictionnaire des Arts Graphiques.** 2 forts vol. in-12 de 400 pages chacun.............................. fr. **6** »

DONNADIEU (A.-L.)   **La Reproduction photographique des objets de petite dimension** (Photographie par immersion). Exposé, discussion et pratique d'un procédé donnant des résultats incomparables pour la photographie des objets brillants, objets d'art, monnaies, médailles, des pièces d'anatomie, etc. — Un fort volume in-8º, avec gravures dans le texte et hors texte et 8 planches spécimen de l'auteur, reproduites au gélatino-bromure....................................... fr. **6** »

DORMOY (LÉON)   **La Photominiature.** 3e édition, 1 vol. **1** »
Procédé de peinture des photographies donnant des résultats comparables aux plus belles miniatures et pouvant être pratiqué par les personnes qui ne savent ni peindre ni dessiner.

DROUIN (FÉLIX)   **La Ferrotypie.** — Obtention des positifs directs à la chambre noire. 2e édition, 1 vol. in-16............... fr. **1** »

DUCOS DU HAURON (L.).   **La Photographie indirecte des Couleurs.** 1 vol. in-16 de 60 pages avec 2 planches hors texte .... fr. **1 25**

EMERY (H.).   **Le Développement du Cliché photographique.** Etude raisonnée des principaux révélateurs employés en photographie, 1 vol. in-16 jésus de 144 pages, avec 12 planches en phototypogravure... fr. **3** »

EMERY (H.).   **Manuel pratique de Platinotypie.** 1 volume broché avec 2 planches.. fr. **2** »

FISCH (J.).   **Traité pratique des Impressions Photo-mécaniques :**
Première partie. — **La Photolithographie**, 1 vol. grand in-8º de 90 pages avec planche en photolithographie................... fr. **2 50**

Deuxième partie. — La **Photoglyptographie**. 1 vol. grand in-8° de 45 pages avec planche .... fr. **2 50**

FISCH (A.).   **Nouveaux procédés de Reproductions Industrielles**, avec ou sans teintes modelées au moyen des sels d'argent, de platine, d'urane, de cuivre, de dessins, plans, gravures, portraits, vues, monuments, etc. 1 vol. in-16 de 140 pages .... fr. **2 50**

FRŒLICHER (Le Capit^{ne}) **Physique Photographique**, Étude des phénomènes d'ordre physique qui se produisent au cours des opérations photographiques, depuis le moment où la lumière arrive sur la plaque jusqu'à celui où l'épreuve positive est terminée. 1 vol. broché avec gravures. **3** »

GAILLARD (CH.).   **Photographie au Charbon** (Traité pratique de) suivi des Agrandissements. 1 vol. broché avec gravures.... fr. **2** »

GANICHOT (PAUL).   **Traité théorique et pratique de la Retouche des Epreuves Négatives et Positives**. 5e édition revue et augmentée. 1 vol. in-16 de 124 pages .... fr. **1** »

GANICHOT (PAUL).   **Traité élémentaire de Chimie photographique**. Description raisonnée des diverses opérations photographiques. Développements, fixages, virages, renforcements, etc. 2e édition revue et augmentée. 1 vol. in-16 de 96 pages .... fr. **1** »

GANICHOT (PAUL).   **Traité pratique de la Préparation des Produits photographiques**. Étude et composition de tous les bains. Formules et préparations en usage dans les procédés négatifs et positifs. Traitement des résidus, etc. 2e édition revue et augmentée. 1 vol. in-16 de 120 pages .... fr. **2** »

GAUTHIER (G.-E.-M.).   **La Représentation artistique des Animaux**. Application, pratique et théorie de la photographie des animaux domestiques, particulièrement du cheval, arrêté et en mouvement. 1 fort vol. in-12 de 320 pages contenant 4 pl. hors-texte............. fr. **5** »

GIARD (ÉMILE).   **Le Livre d'Or de la Photographie**. Nouvelle édition des *Lettres sur la Photographie*, ouvrage de grand luxe formant un traité complet de la Photographie et contenant de magnifiques portraits et 150 compositions originales de SCOTT, BERTHAULT, THIRIAT, MORENO et PARIS et une grande planche en phototypie. 1 volume in-4° écu de 400 pages .... fr. **3 50**

GRUYER (PAUL).   **Victor-Hugo Photographe**. Bel album grand format (25×33) de 48 planches photographiques de pleine page, avec texte et encadrements en deux couleurs................................. fr. **6** »

GUICHARD (P).   **La Photographie sous-marine**. 1 vol. in-8 raisin de 78 pages, illustré de 9 gravures et planches hors-texte fr. **3** »

HÉLIÉCOURT (RENÉ D').   **La Photographie vitrifiée mise à la portée des Amateurs**. Procédés complets pour l'exécution, la mise en couleur et la cuisson des émaux photographiques, miniatures, céramiques, vitraux. 1 vol. in-16 de 190 pages avec 40 figures..................... fr. **3** »

HOLM (Docteur),   **L'Objectif au service de la Photographie**. Traduit de l'allemand, revu et corrigé, avec 62 figures dans le texte et 64 planches hors texte. — 1 volume de 136 pages............. fr. **3 50**

JARSON (A.).   **La Photographie astronomique et les Observations astronomiques à la portée de tous**. 1 volume in-16 de 56 pages avec figures explicatives .... fr. **1 25**

Jouan (p.).   **Formulaire photographique.** — Recueil de recettes, procédés, formules d'usage courant en photographie. 3e édition revue et augmentée. 1 vol. in-16................................ fr. **1** »

Kiesling.   **La Manipulation des Pellicules**, traduit de l'allemand par Lobel. — Connaissances indispensables pour l'emploi et le traitement des pellicules. — Un vol. broché avec 34 figures... fr. **1 25**

Klatt   **Dictionnaire allemand-français des mots techniques usités en Photographie**...................... fr. **1 25**

Le Mée, enseigne de vaisseau **La Photographie dans la Navigation et aux Colonies**. Ouvrage spécialement destiné aux navigateurs, aux explorateurs, aux officiers de l'armée coloniale. — Un vol. in-16 de 140 pages avec gravures... .... fr. **2 50**

Martin-Sabon.   **La Photographie des Monuments et des Œuvres d'Art.** Un volume illustré de nombreuses gravures, avec 24 planches hors texte.............................. fr. **10** »

Mathet (l.).   **Chimie Photographique** (Traité général de). C'est l'ouvrage le plus complet paru jusqu'à ce jour sur la matière
1er volume : Théorie des procédés photographiques.......... fr. **8** »
2e — Monographie de tous les produits employés..... fr. **12** »

Mathet (l.), chimiste. Les Insuccès dans les divers Procédés photographiques :

Première partie. — **Procédés négatifs.**............... fr. **1 50**

Deuxième partie. — **Epreuves positives.**............. fr. **1 50**

Mathet (l.).   **Le Microscope et son application à la Photographie des infiniment petits.** (Traité pratique de photomicrographie). 1 vol. in-16 de 260 pages, illustré de nombreuses gravures et planches hors texte .... fr. **4 50**

Mathet (l.).   **Sur la reproduction des objets difficiles par la microphotographie** (série d'articles publiés dans la « Revue des Sciences Photographiques »). — La collection des cinq numéros contenant ces articles .... fr. **5** »

Mathet (l.), chimiste. La Photographie durant l'hiver. — Effets de neige, photographie à l'intérieur, diapositives, reproductions, agrandissements, projections, travaux divers, etc.. etc. 1 fort vol. de 320 pages... fr. **3 50**

Mazel (a.).   **La Photographie artistique en Montagne.** 1 vol. broché in-8° raisin de 200 p. avec gravures et 14 planches hors texte d'après les clichés originaux de l'auteur . ... fr. **6** »

Ménard (cyrille).   **Les Maîtres de la Photographie.** Un beau volume de 376 pages de 20×29 c/m sur papier de choix, avec 337 reproductions en simili-gravure dont 85 pleines pages............ fr. **12** »

Tous ceux qu'intéresse à juste titre la recherche artistique en photographie voudront posséder ce recueil d'œuvres sélectionnées parmi les meilleures de M. Maurice Bucquet, Mme Gertrude Kasebier. MM. P. de Singly, Commandant Puyo, Léonard Misonne, Charles Job, Mme G.-A. Barton, MM. Robert Demachy, Alexandre Keighley, Albert Regad, Pierre Dubreuil, Paul Bergon, etc.

Mendel (charles).   **Traité pratique et élémentaire de la Photographie** à l'usage des amateurs et des débutants........... fr. **1**

Ménétrat (Georges), Ingén. E.P C. **Etude élémentaire de l'Objectif,** des Chambres et des Obturateurs photographiques. Un volume broché de 164 pages, avec diagrammes et figures explicatives .... fr. **3** »

Mullin (A.), professeur. **Traité élémentaire d'Optique photographique.** 1 fort vol. in-8º de 350 pages avec 190 figures .... fr. **10** »

Niewenglowski (G.-H.). **Dictionnaire photographique.** donnant tous les termes employés en photographie, avec explication précise et détaillée. 1 vol. in-12 de 230 p., illustré de nombreuses gravures .... fr. **3** »

Pinsard (Jules). **L'Illustration du Livre moderne et la Photographie,** avec préface de Victor Breton, professeur technique à l'Ecole Estienne. Grand in-8º (20×29) en édition de grand luxe. fr. **20** »

Pitois. **Les Objectifs modernes.** — Un volume broché avec figures explicatives et planches hors texte............ fr. **2** »

Pitois (E.). **La Photographie artistique par les Appareils de poche.** Un vol. broché avec 4 planches hors texte.... fr. **2** »

Poulenc (Camille). **Les Produits chimiques purs en Photographie.** Leur nécessité, leur emploi, leur contrôle. — Un volume in-16 de 160 pages .... fr. **2 50**

Puyo (C.). **Le Procédé à l'Huile,** nouvelle édition revue et augmentée. 1 vol. de 96 pages in-16 avec exemples démonstratifs formant 6 planches hors texte sur papier au bromure .... fr. **3** »

Quénisset (F.). **Applications de la Photographie à la Physique et à la Météorologie.** — 1 vol. avec 26 gravures fr. **1 25**

Quénisset (F.) **La Photographie Astronomique** (Manuel pratique de). — Un vol. broché avec figures .... fr. **2** »

Quentin (H.). **Du choix d'un Objectif.** Une brochure de 48 pages avec nombreuses figures .... fr. **0 75**

Quentin (H.). **Le Procédé ozotype.** Manuel pratique pour l'obtention d'épreuves au charbon, sans transfert et sans photomètre. 1 vol. broché .... fr. **1** »

Quentin (H.). **La Téléphotographie** (Emploi du télé-objectif). — 1 vol. in-16 de 80 pages avec nombreuses figures .... fr. **2** »

Reiss, docteur. **La Photographie Judiciaire.** 1 vol. in-8º raisin avec 77 reproductions en simili-gravure et 6 planches hors texte au gélatino-bromure .... fr. **16** »

Reyner (Albert) **Manuel du Reporter photographe et de l'Amateur d'instantanés.** Un volume broché .... fr. **2** »

Reyner (Albert). **Le Portrait et les Groupes en plein air.** — 1 vol. in-16 de 136 pages avec figures et planche spécimen...... fr. **2** »

Rheinberg (E. et J.). **Le Procédé de Photographie des couleurs par dispersion prismatique.** — Un vol. 19×27 avec figures fr. **3 50**

Ris-Paquot. **Manuel pratique de Photographie à la lumière artificielle.** 1 vol. avec gravures .... fr. **2** »

Ris-Paquot. **Traité pratique de Phototypie à l'usage des Photographes et Amateurs.** — Un beau volume 16×25 de 250 pages avec 21 planches et vignettes en phototypie.................... fr. **6** »

Ris-Paquot.   **Les Agrandissements sans Lanterne** et leur mise en couleur aux pastels tendres et durs sans savoir ni dessiner ni peindre. 1 vol. in-16 de 66 pages avec fig. et 2 pl. hors texte . fr. **1 25**

Ris-Paquot.   **Les Clichés sur zinc en demi-teintes et au trait** s'imprimant typographiquement, moyen simple et pratique pour les amateurs de les obtenir. 1 vol. in-16 de 80 pages .... fr. **2** »

Ris-Paquot.   **Trucs et Ficelles d'atelier**, pour donner aux épreuves un cachet artistique et les rendre propres à l'illustration. Un vol. broché avec figures et planches .... fr. **1 25**

Rousseau.   **Notes pratiques d'Electricité à l'usage des Projectionnistes.** Un volume broché .... fr. **2** »

Santini (E.-N.).   **La Photographie des Effluves humains.** 1 vol. in-8º de 130 p., illustré de nombreuses reproductions... fr. **3 50**

Santini (E.-N.).   **La Photographie devant les Tribunaux.** 1 vol. in-16 de 140 pages...................... .... fr. **2** »
Recueil des Jugements et Arrêts intéressant les Photographes.

Sauvel (Edouard).   **Etudes de Droit sur la Photographie.** Un volume in-16 de 72 pages.................................... fr. **1 50**

Stockhammer.   **La Stéréoscopie rationnelle.** Deuxième édition, revue et augmentée.   Un beau volume de 124 pages, format 21×27, comportant 128 figures explicatives et 7 planches hors texte en similigravure... fr. **6** »

Tranchant (L.).   **Microphotographie simplifiée** (Petit Traité de). 1 vol. avec fig. explic. et reproductions en photogravure.. fr. **1** »

Trutat (Eug.).   **Le Cliché photographique :** Choix du sujet, pose, manipulations. 1 vol. in-16 de 284 pages avec figures ... fr. **3 50**

Trutat (Eug.).   **Les Procédés pigmentaires.** 1 vol. broché de 72 pages.. fr. **1 25**

Trutat (Eug.).   **Les Papiers photographiques positifs par développement.** 1 vol. broché avec figures............ fr. **2 50**

Trutat (Eug.).   **Traité Général des Projections.** — Tome I. — Description des appareils. — Divers modes d'éclairage. — Confection des positifs. — Epreuves mouvementées. — La leçon à l'école, au lycée, à la Faculté. — Conférences scientifiques, géographiques, humoristiques. — Disposition de la salle, etc., etc. 1 vol. grand in-8º de 400 p., illustré de 185 gravures..................................... fr. **7 50**
Tome II. — Projections Scientifiques. Applications à l'Histoire Naturelle, à la Météorologie, à l'Astronomie, à la Chimie, à la Physique. 1 vol. in-8º de 280 pages, avec 137 figures et 1 planche hors texte......... fr. **4 50**

Vallot (Charles).   **La Photographie documentaire** dans les excursions et les voyages d'études. Un volume avec 8 planches hors texte sur papier au gélatino-bromure .... fr. **3** »

Vallot (Charles)   **L'Art de se documenter par la Photographie.** Un volume 13×20 de 80 pages, avec nombreuses illustrations en similigravure dans le texte et hors texte .... fr. **1 50**

Varigny (Henri de).   **Les Animaux photographiés chez eux,** (série d'articles publiés dans « Photo-Magazine »). La collection des cinq numéros contenant ces articles............. . ... fr. **1 25**

VERAX (CH.).   **Vocabulaire français-esperanto technolo-gique des termes employés en Photographie** et dans ses rapports avec la chimie, la physique et la mécanique. (Édition corrigée). Une bro-chure de 48 pages .... fr. **0 75**

VERKS (KARLO).   **Elementa Fotografa optiko** (Traité élé-mentaire d'optique photographique, publié en Esperanto). Une brochure de 80 pages, avec figures et lexique esperanto-français .... fr. **1 25**

VIDAL (LÉON).   **La Photographie des Couleurs,** par im-pressions pigmentaires superposées. Une brochure in-8° raisin fr. **1 25**

VOIRIN (J.).   **Manuel pratique de Phototypie.** Manuel pratique à l'usage des amateurs et des praticiens. 2e édition revue et complétée. 1 vol. de 104 pages avec nombreuses gravures et deux photo-typies hors texte .... fr. **2** »

Les Maîtres de la Photographie, album 25×32, avec illustrations originales de BERGON, BUCQUET, DEMACHY, LE BÈGUE, LEMOINE, PUYO .... fr. **5** »

AIDE-MÉMOIRE DU PHOTOGRAPHE

Résumant toutes les connaissances utiles au photographe et à l'amateur.

par G. MÉNÉTRAT, Ing. E. P. C.

L'ouvrage complet forme 8 fascicules .... *chaque* » **75**

1° Documents mathématiques, phy-siques, chimiques.
2° Optique photographique.
3° Chambres - Obturateurs — Ortho-chromatisme — Antihalo — Pelli-cules — Accessoires.
4° Phototypes négatifs (plaques).

5° Phototypes positifs (papiers).
6° Diapositifs. — Procédés spéciaux — Photographie des couleurs.
7° Applications de la photographie.
8° Photographie industrielle. — For-mulaire.

L'ouvrage complet (8 volumes) .... **6 fr.**

CONFÉRENCES SUR LA PHOTOGRAPHIE

Formant un traité complet à l'usage des débutants

Par **Cyrille MÉNARD**, Professeur et Conférencier

Ces Conférences ont été écrites spécialement pour être lues en séance publique ou servir de canevas aux personnes qui désirent faire un cours ou des conférences sur la photographie.

Première conférence. — Les Origines et les Progrès de la Photographie.— Une brochure de 32 pages .... fr. **0 60**

Deuxième conférence. — L'Outillage et le Matériel photographiques. — Une brochure de 32 pages .... fr. **0 60**

Troisième conférence. — L'image négative (préparation, développement et toilette du cliché). — Une brochure de 32 pages .... fr. **0 60**

Quatrième conférence. — L'image positive (Tirage, agrandissement, mon-tage). — Une brochure de 32 pages .... fr. **0 60**

Cinquième conférence. — Les tirages artistiques (charbon, gomme, ozo-brome, huile). — Une brochure de 32 pages .... fr. **0 60**

BIBLIOTHÈQUE GÉNÉRALE DE CINÉMATOGRAPHIE

Extrait du Catalogue :

Coustet (e).   **Traité pratique de Cinématographie**.
Deux volumes, broché, format 16×25.
    Tome I : Production des images cinématographiques........ fr. **3** »
    Tome II : Projection des images cinématographiques .... fr. **3** »

Kress (e.).   **Conférences sur la Cinématographie.** —
Tome I. — Prise de vues : les appareils, le plein air, le théâtre. — Un volume de 220 pages broché, tranches jaspées.................. fr. **3** »
    I. L'historique du Cinématographe. — II. Le film cinématographique. — III. Le théâtre cinématographique. — IV. L'appareil de prises de vues. — V. La prise de vues cinématographiques. — VI. La décoration : le costume. — VII. Trucs et illusions. — VIII. Le geste et l'attitude, l'art mimique au cinématographe.
    (Chaque conférence peut être vendue séparément).

Kress (e.).   **Comment on installe et administre un Cinéma**. — Un volume broché de 40 pages............... fr. **O 75**

Kress (e.).   **Catéchisme de l'Opérateur de Cinéma**. — Réponses aux questions du Certificat d'Aptitudes Professionnelles des Opérateurs Projectionnistes du Cinématographe. — Un beau volume reliure souple .... fr. **2** »

Kress (e).   **Les Lampes à arc.** Une brochure de 80 pages avec figures explicatives .... fr. **1 25**
    Ce volume comporte une étude d'ensemble du fonctionnement, de l'installation et du maniement des principaux modèles de lampes a arc utilisés en cinématographie.

Maurin (louis).   **Notes pratiques du Cinématographiste.** — Un volume broché 16×25 ; illustré de figures explicatives ... fr. **O 75**

Mireaunel (c. de).   **Aide-mémoire du Cinématographiste.** — Recueil de recettes, procédés, formules et conseils utiles au cinématographistes. — Une brochure, format 16×25 .... fr. **O 75**

de S. de Serk.   **Les Bruits de coulisse au Cinéma.** Exposé complet des moyens pratiques mis en œuvre pour imiter les bruits de tous genres et renforcer l'intérêt des projections animées .... fr. **O 75**

Steffen (a.).   **L'Electricité au Cinématographe.** 1° Généralités sur les courants continus ; 2° Généralités sur les courants alternatifs et les transformateurs ; 3° Généralités sur le magnétisme et l'électromagnétisme. — Volumes format 16×25, illustrés de nombreuses figures explicatives. Les 3 volumes .... fr. **2 25**

Tranchant (l.).   **La Cinématographie pour tous.** — Un volume broché de 80 pages format 13×19...................... fr. **O 75**
    Première partie. — I. Histoire du Cinématographe. — II. Les diverses sortes d'appareils cinématographiques. — III. Le Cinématographe Lumière. — IV. Le Cinématographe Gaumont. — V. Développement des négatifs, tirage des positifs. Développement et fixage des positifs.
    Deuxième partie. — I Le Cinématographe projecteur. — II. Les accessoires de la projection. — III. Installation pour une séance. — IV. Entretien du matériel. — V. Petit Formulaire et Conseils.

Vlès (fréd), docteur ès sciences. **La Cinématographie Astronomique.** Brochure de 60 pages, avec figures et fac-similé d'enregistrements .... fr. **O 75**

    " **Cinéma** " Annuaire de la projection fixe et animée ..... fr. **6 25**

Paris. — Imp. d'Ouvriers Sourds-Muets, 31, Villa d'Alésia.

RED. :

15

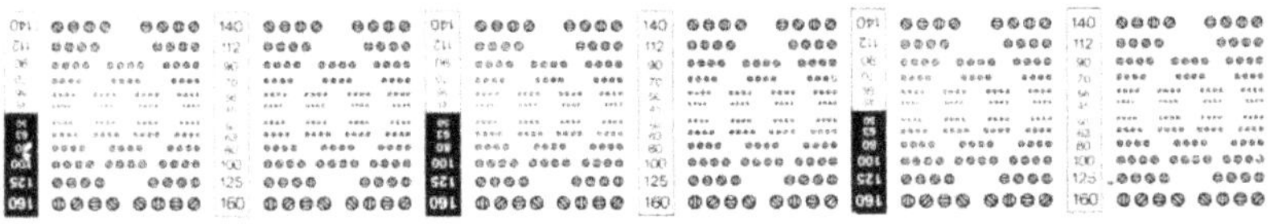

graphicom

0 1 2 3 4 5 6 7 8 9 10

BIBLIOTHEQUE NATIONALE
CHATEAU DE SABLE
1991

www.ingramcontent.com/pod-product-compliance
Ingram Content Group UK Ltd.
Pitfield, Milton Keynes, MK11 3LW, UK
UKHW031831170726
13836UKWH00004B/1619